东南土木·青年教师·科研论丛　　　　中央高校基本科研业务费专项资金资助

砂性土宏细观特性数值分析研究

赵学亮　著

东南大学出版社
SOUTHEAST UNIVERSITY PRESS

·南京·

内 容 提 要

　　本书主要是对砂性土在不同应力条件下宏细观特性的数值进行分析和探讨,从细观角度对宏观力学行为进行分析解释。全书共分 8 章,内容包括绪论,研究现状,数值模型,不同荷载条件下试样的宏、细观结构及特性分析,试样的体视学数值模拟分析,以及研究内容的讨论分析总结和进一步研究建议。

　　本书可供从事岩土工程领域的科研人员、工程师和研究生使用,研究方法可供从事颗粒材料相关的制药、环境等相关领域人员参考。

图书在版编目(CIP)数据

砂性土宏细观特性数值分析研究/ 赵学亮著. —南京：

东南大学出版社，2017.2

（东南土木青年教师科研论丛）

ISBN 978-7-5641-7031-8

Ⅰ.①砂…　Ⅱ.①赵…　Ⅲ.①砂土—数值分析

Ⅳ.①TU441

中国版本图书馆 CIP 数据核字(2017)第 019413 号

砂性土宏细观特性数值分析研究

著　　者	赵学亮
责任编辑	丁　丁
编辑邮箱	d. d. 00@163. com

出版发行　东南大学出版社
社　　址　南京市四牌楼 2 号　邮编:210096
出 版 人　江建中
网　　址　http://www.seupress.com
电子邮箱　press@seupress.com
经　　销　全国各地新华书店
印　　刷　江苏凤凰数码印务有限公司
版　　次　2017 年 2 月第 1 版
印　　次　2017 年 2 月第 1 次印刷
开　　本　787 mm×1 092 mm　1/16
印　　张　12
字　　数　270 千
书　　号　ISBN 978-7-5641-7031-8
定　　价　48.00 元

本社图书若有印装质量问题,请直接与营销部联系。电话(传真):025-83791830

序

作为社会经济发展的支柱性产业,土木工程是我国提升人居环境、改善交通条件、发展公共事业、扩大生产规模、促进商业发展、提升城市竞争力、开发和改造自然的基础性行业。随着社会的发展和科技的进步,基础设施的规模、功能、造型和相应的建筑技术越来越大型化、复杂化和多样化,对土木工程结构设计理论与建造技术提出了新的挑战。尤其经过三十多年的改革开放和创新发展,在土木工程基础理论、设计方法、建造技术及工程应用方面,均取得了卓越成就,特别是进入 21 世纪以来,在高层、大跨、超长、重载等建筑结构方面成绩尤其惊人,国家体育场馆、人民日报社新楼以及京沪高铁、东海大桥、珠港澳桥隧工程等高难度项目的建设更把技术革新推到了科研工作的前沿。未来,土木工程领域中仍将有许多课题和难题出现,需要我们探讨和攻克。

另一方面,环境问题特别是气候变异的影响将越来越受到重视,全球性的人口增长以及城镇化建设要求广泛采用可持续发展理念来实现节能减排。在可持续发展的国际大背景下,"高能耗""短寿命"的行业性弊病成为国内土木界面临的最严峻的问题,土木工程行业的技术进步已成为建设资源节约型、环境友好型社会的迫切需求。以利用预应力技术来实现节能减排为例,预应力的实现是以使用高强高性能材料为基础的,其中,高强预应力钢筋的强度是建筑用普通钢筋的 3~4 倍以上,而单位能耗只是略有增加;高性能混凝土比普通混凝土的强度高 1 倍以上甚至更多,而单位能耗相差不大;使用预应力技术,则可以节省混凝土和钢材 20%~30%,随着高强钢筋、高强等级混凝土使用比例的增加,碳排放量将相应减少。

东南大学土木工程学科于 1923 年由时任国立东南大学首任工科主任的茅以升先生等人首倡成立。在茅以升、金宝桢、徐百川、梁治明、刘树勋、方福森、胡乾善、唐念慈、鲍恩湛、丁大钧、蒋永生等著名专家学者为代表的历代东大土木人的不懈努力下,土木工程系迅速壮大。如今,东南大学的土木工程学科以土木工程学院为主,交通学院、材料科学与工程学院以及能源与环境学院参与共同建设,目前拥有 4 位院士、6 位国家千人计划特聘专家和 4 位国家青年千人计划入选者、7 位长江学者和国家杰出青年基金获得者、2 位国家级教学名师;科研成果获国家技术发明奖 4 项,国家科技进步奖 20 余项,在教育部学位与研究生教育发展中心主持的 2012 年全国学科评估排名中,土木工程位列全国第三。

近年来,东南大学土木工程学院特别注重青年教师的培养和发展,吸引了一批海外知名大学博士毕业青年才俊的加入,8 人入选教育部新世纪优秀人才,8 人在 35 岁前晋升教授或博导,有 12 位 40 岁以下年轻教师在近 5 年内留学海外 1 年以上。不远的将来,这些青年学

1

者们将会成为我国土木工程行业的中坚力量。

时逢东南大学土木工程学科创建暨土木工程系（学院）成立 90 周年，东南大学土木工程学院组织出版《东南土木青年教师科研论丛》，将本学院青年教师在工程结构基本理论、新材料、新型结构体系、结构防灾减灾性能、工程管理等方面的最新研究成果及时整理出版。本丛书的出版，得益于东南大学出版社的大力支持，尤其是丁丁编辑的帮助，我们很感谢他们对出版年轻学者学术著作的热心扶持。最后，我们希望本丛书的出版对我国土木工程行业的发展与技术进步起到一定的推动作用，同时，希望丛书的编写者们继续努力，并挑起东大土木未来发展的重担。

东南大学土木工程学院领导让我为本丛书作序，我在《东南土木青年教师科研论丛》中写了上面这些话，算作序。

中国工程院院士：吕志涛

2013. 12. 23

前　言

　　无黏性砂土是自然界广泛存在的一种土体,通过实验室试验对不同应力状态下颗粒土试样的宏观特性如强度、体积变化、破坏形式等进行分析是传统的方法。对称三轴压缩试验、直剪试验和平面应变试验是岩土工程中最常用来模拟工程现场条件的三种室内试验。由于三个主应力对土的应力—应变—强度—体积变化特性都发挥重要作用,土体或试样在不同的现场条件或不同室内试验中会有不同的表现。实际岩土工程中,平面应变工程条件比轴对称三轴压缩和直剪条件更为普遍。但在工程设计中,轴对称三轴试验和直剪试验却是用来获得土体强度、变形特性等设计参数的最常用最主要的方法。因此,用轴对称三轴压缩试验或直剪试验所得参数来进行平面应变工程条件设计是一个普遍存在的问题,研究不同应力状态下试样的不同特性及关系对岩土工程设计具有重要的现实意义。

　　由于砂性土是由离散的颗粒组成的土体,其宏观特性是由颗粒之间相互作用的细观结构和细观力学特性所决定和控制的。沈珠江院士曾提出土体结构性模型及理论是 21 世纪土力学的核心问题之一。而颗粒物质由于其非连续和接触耗散等复杂性,在 2005 年与湍流一起被 Science 并列为 100 个科学难题之一。因此,研究颗粒土在不同应力状态细微观结构特性,从细微观力学角度分析解释不同应力状态下土体的不同宏观力学行为对土力学及颗粒物质力学的发展具有重要的理论意义。

　　本书对颗粒土在三种典型应力状态下的不同宏微观特性进行分析,采用颗粒流离散元数值模拟方法,对试样细观结构和微观力学进行分析,从细微观角度解释试样不同应力状态下的不同宏观力学行为,以期为土力学的理论研究及实践工程设计提供基础理论依据。

　　本书的主要工作是笔者在美国北卡州立大学攻读博士学位期间完成的,从选题到研究内容的完成都是在导师 T. M. Evans 的悉心指导下完成的,在此对 T. M. Evans 教授表示衷心谢意,并对北卡州立大学的培养表示感谢。博士生栾阳对书稿的修改和校对做了大量工作,在此表示感谢。

　　由于笔者水平有限,对研究方法和结果希望能与同行探讨分析,对书中的诸多不足之处,希望广大读者批评指正。

赵学亮

2016 年 9 月于东南大学

目　录

1 绪 论

对于固体材料和颗粒材料(Kjellman,1936),三个方向主应力对其应力—应变—强度—体积变化特性起决定性作用。在岩土工程中,测量土体参数最常用的室内试验有传统三轴压缩试验(Conventional Triaxial Compression,CTC)、平面应变试验(Plane Strain,PS)和直剪试验(Direct Shear,DS)。众所周知,土体或试样在不同荷载条件下表现不同。比如,从直观破坏变形形式上,平面应变条件下,试样一般会产生应变局部化从而沿剪切带发生滑动破坏,而轴对称三轴压缩试样一般发生相对均匀的鼓胀破坏。在实际工程中,平面应变条件最为普遍,比如挡土墙后土体、坝体中的土体、路堤或江堤中的土体的受力均为平面应变条件。但是,轴对称三轴试验和直剪试验却是用来获得土体强度、变形特性等设计参数最常用的方法。这两种试验虽然不能更真实地模拟现场工程条件,但因为轴对称三轴和直剪试验操作相对简单,而平面应变试验比较复杂与繁琐,所以三轴试验和直剪试验应用更加广泛。

由于一般传统三轴压缩试验中测得的摩擦角比平面应变试验小(Cornforth,1964;Henkel and Wade,1966;Rowe,1969;Lee,1970),所以根据轴对称三轴压缩试验或直剪试验的结果来进行平面应变工程条件设计一般被认为偏于保守。首先,平面应变试验条件和传统三轴压缩试验条件下试样屈服前后的表现不同(Lee,1970),比如:平面应变试验初始刚度更大;平面应变试验峰值强度对应的轴应变比传统三轴压缩试验小;破坏应力路径不同。这些不同特性导致不同应力状态时临界状态下的 $p'-q$ 曲线也不同(Mooney et al.,1998;Evans,2005)。有些学者(Ramamurthy and Tokhi,1981)认为平面应变试验中第二主应力方向颗粒运动被限制是造成平面应变试验和传统三轴压缩试验差异的主要原因。而在直剪试验中,由于破坏面由仪器决定,剪切过程主应力轴发生旋转,且无法忽略边界条件对试样特性的影响(Jacobson et al.,2007;Wu,2008)。这一系列的原因导致传统三轴压缩和直剪试验结果无法直接应用于平面应变条件下的土体。

很多学者研究了不同荷载条件(平面应变试验、传统三轴压缩试验、直剪试验)对土体应力-应变-强度-体积变化特性的影响(Cornforth,1964;Finn et al.,1967;Lee,1970;Hanna,2001)。有的学者提出了平面应变条件和传统三轴压缩或直剪条件下试样剪切强度参数之间的关系(Rowe,1969;Ramamurthy and Tokhi,1981,1989;Bolton,1986;Hanna,2001),但是,这些研究很少从控制宏观特性的细观力学和细观结构的角度进行分析和解释,特别是对非本构破坏(如局部集中应变过大造成的破坏)的破坏机理的研究还很缺乏。目前还没有被广泛接受的根据传统三轴压缩试验或直剪试验的结果推算平面应变试验应力—应变—强度参数的理论和算法。为解决这一问题,重要的是建立符合现场实际土体宏观行为的特性的模型,进一步研究影响土体宏观特性的细观力学和细观结构。

颗粒土的宏细观特性是由土体的细观结构和细观力学决定的。不同荷载条件下的试样具有不同的破坏模式。平面应变试验破坏时一般有一个明显的破坏面，称之为应变局部化或剪切带，传统三轴压缩试验通常是扩散破坏，而直剪试验的破坏面由仪器决定。试样（尤其是剪切带和破坏面）受剪时的细观力学和细观结构的不同，决定了试样破坏方式的不同。很多研究表明，试样发生应变局部化的部分的细观结构与试样其他部分截然不同（via regions of high localized strain），应变局部化的部分与其他部分相比孔隙比一般比较大。剪切带的形成和受力机理及剪切带构造（倾角和厚度）决定了试样宏观特性。为进一步理解试样的宏观行为特性，需要对试样的细观颗粒尺度的特性，如颗粒旋转和位移、颗粒方向、局部孔隙比、应变局部化部分的配位数和整个试样配位数等进行深入研究。有一些学者对这些细观特性进行过研究，但是很少考虑不同荷载条件对试样宏细观特性的影响。

在研究土体的宏、细观特性时，最常用的方法是试验分析法，即通过试验研究观察分析试样应力—应变—强度—体积的行为和特性。研究试样细观结构的试验法有 X 射线断层图像法（Desrues et al.，1996）和固化切片法（Kuo and Frost，1996）等。但这些试验法有很多缺点，从操作角度看，试验法一般耗时、昂贵，而且操作比较复杂繁琐；从研究角度看，一些重要的参数如法向接触力、切向接触力等，试验很难或者无法测得。数值分析可以弥补试验分析法的这一缺点。Cundall 和 Strack 在 1979 年提出了离散单元法（Discrete Element Method，DEM），该方法被广泛应用于颗粒材料力学行为和特性的研究。采用离散单元法，可以获得试样很多细观参数（如局部孔隙比、配位数等）和颗粒特性（如颗粒旋转、颗粒位移、颗粒方向等）。对一些很难或无法通过试验测得的参数，如接触方向、法向接触力、切向接触力等也可以通过离散元数值模拟获得。除此以外，还可以通过离散元数值模拟研究试样的空间特性（如剪切带构造、局部孔隙比分布等）和时间特性（如剪切带的开展、局部孔隙比随加载过程的发展等）。同时，数值试验可以模拟实验室中比较复杂的固化切片法，并采用体视学法和统计法对颗粒材料的行为特性做进一步研究，模拟的结果甚至比试验结果更加精确。之前已经有学者采用离散元模型对平面应变试验（O'Sullivan and Bray，2004）、传统三轴压缩试验（Thornton，2000；Cui et al.，2015）和直剪试验（Ni et al.，2000）进行了模拟，但这些学者都只对一种荷载条件进行模拟，而对不同荷载条件下土体特性进行比较的研究较少。

本书主要介绍了采用离散元模拟不同荷载条件土性试验，即平面应变试验、传统三轴压缩试验、直剪试验，从宏观细观不同尺度对不同荷载条件下颗粒土的行为特性进行分析研究，特别是从颗粒尺度的细观角度对土体的宏观行为进行分析，从物理机理上对土体的宏观行为进行解释。本书的主要内容如下：

第二章　回顾相关文献，对不同荷载条件下土体的宏观行为进行比较，总结平面应变试验、传统三轴压缩试验、直剪试验抗剪强度参数的关系，以及颗粒土细观结构试验、颗粒土细观结构数值模拟等研究成果。

第三章　介绍离散单元法的理论基础，建立离散元数值模型，并对参数进行分析，定量分析不同参数对试样宏观特性的影响。

第四章　讨论平面应变试验、传统三轴压缩试验、直剪试验荷载条件下模型试样的宏观力学行为特性，研究不同荷载条件下小应变时试样的抗剪强度和体积变化等行为特性。

第五章　从细观角度分析试样力学行为和颗粒特性,采用统计方法分析试样颗粒方向和接触特性。

第六章　模拟实验室中切片法对数值模型试样进行切片,采用体视学法研究试样局部孔隙比和颗粒方向的分布。

第七章　综合采用宏观分析法、细观分析法、体视学法以及统计学法,对不同荷载条件下的试样性质进行进一步分析研究。

第八章　总结本书的成果,对未来进一步的研究内容给出建议。

2 研 究 现 状

2.1 简介

土体在不同的荷载条件下(传统三轴压缩、平面应变、直剪),会表现出不同的应力—应变—强度—体积变化等力学行为特性。很多学者对于不同荷载条件下土体宏观特性进行了分析研究。在实际工程中,轴对称三轴试验和直剪试验应用广泛,平面应变试验因为相对较为繁琐而使用较少,一些学者提出了根据轴对称三轴试验或直剪试验结果计算平面应变条件下试样强度参数的公式。由于土体的宏观性质是由其细观结构和细观力学决定的,很多学者对颗粒材料细观特性对土体宏观特性的影响进行了研究。对不同荷载条件下土体力学行为特性的分析研究,采用的方法主要可以分为两大类:室内试验法和数值模拟法。本章主要对相关研究内容和结果进行分析和总结。

2.2 宏观特性研究:不同荷载条件下土体力学行为

由于三个方向主应力对土体的应力—应变—强度—体积变化特性起决定性作用,因此土体或试样在不同的荷载条件下表现不同,很多学者对这一内容进行了试验研究。在实际工程中,很多问题都属于平面应变问题(如挡土墙后土体),但因为平面应变试验比较复杂繁琐,而轴对称三轴和直剪试验相对简单,因此轴对称三轴试验和直剪试验是用来获得土体强度参数最常用的方法,即使是平面应变条件,很多设计也采用三轴或直剪试验所得参数。因此很多学者对轴对称三轴压缩试验或直剪试验结果与平面应变试验结果进行了比较分析,提出了根据轴对称三轴压缩试验或直剪试验结果计算平面应变条件下土体抗剪强度参数的计算方法和公式。

2.2.1 平面应变试验和三轴压缩试验的比较

很多学者对第二主应力(中主应力)对抗剪强度的影响进行了研究。在分析第二主应力对抗剪强度的影响时,有的学者采用了棱柱形试样来控制三向主应力,也有学者采用空心圆柱试样来控制第二主应力的大小,但是比较普遍的研究方法是对传统三轴压缩试验的结果与平面应变试验的结果进行比较。

Bishop (1966)和Cornforth (1964)对不同密度的砂土在相同的围压下进行了一系列的

排水固结试验。发现在试样比较密实的情况下,平面应变试验试样的内摩擦角比进行三轴压缩试验的试样大 4°左右。但是,在试样比较松散的情况下,两种试验的结果非常接近。三轴压缩试验中,试样破坏时的应变是平面应变试验试样破坏时应变的两倍以上,且破坏时三轴压缩试样的体积膨胀远大于平面应变试样。

Bishop 和 Wood(1958)发明了一套平面应变试验仪器,Henkel 和 Wade(1966)使用该仪器对饱和重塑黏土进行了一系列的试验。试验结果表明,在围压较小的情况下,平面应变条件下试样的不排水抗剪强度比三轴压缩条件下试样大 8%。平面应变条件下试样大约在轴应变为 2%达到峰值强度,而三轴压缩条件下这一数值为 6%。试验结果表明,试样的抗剪切角在平面应变条件下比三轴压缩条件下要大。根据研究结果发现,相较于八面体应力破坏标准,试样的破坏状态与摩尔库仑破坏标准比较接近。

Finn 等(1967)对由球形颗粒组成的六面体模型试样进行了一系列的三轴压缩试验和平面应变的试验。他们认为,基于一定假设条件,理论上平面应变条件下试样应变应该小于三轴压缩条件,这一推论得到了室内试验的证实。他们提出,由于平面应变条件下试样体积的膨胀趋势小于三轴压缩条件,所以平面应变条件下试样的临界围压要比三轴压缩条件下的试样小。

Lee(1970)对砂土的三轴压缩试验和平面应变试验进行比较。结果发现,平面应变试验试样具有明显的剪切破坏面。在三轴压缩试验中,当试样较密且围压较小时,试样将会沿着剪切面破坏;当试样比较松散或围压较大时,试样发生扩散膨胀破坏。Lee 还发现,平面应变条件下试样的泊松比一般大于三轴压缩条件。无论是在平面应变还是三轴压缩条件下,试样的弹性模量都会随着围压的增加而呈指数型增加,且峰值强度也与围压有关。当围压较小时,平面应变条件下试样的峰值强度比较小,但是在围压较高的时候,平面应变条件下试样的峰值强度远大于轴对称三轴试验。当围压中等时,两种荷载条件下试样的峰值强度相差不大。在排水条件下,三轴压缩试样的膨胀率大于平面应变条件下试样的膨胀率;在不排水条件下,平面应变试样的孔隙水压力比三轴压缩试验大,而临界围压比三轴压缩试验小,这一结论与 Finn 等(1967)的研究结果相一致。

大多数学者在研究时使用的试样都是重塑土,而 Vaid 和 Campanella(1974)对敏感度较高的饱和海相原状黏土进行了一系列的试验。在不排水试验中,平面应变和三轴压缩条件下试样峰值偏应力对应的应变基本相等,这一结论与 Henkel(1966)的研究结果相悖。Henkel(1966)认为三轴压缩条件下的峰值偏应力对应的应变大于平面应变条件。Vaid 和 Campanella(1974)的研究发现平面应变条件下不排水强度与竖向固结应力的比值要大于三轴压缩试验,也就是说,用三轴压缩试验的结果来推测平面应变条件下土体短时间内的稳定性会偏于保守。并且,无论是在压缩还是拉伸条件下,平面应变条件下试样的内摩擦角会比三轴压缩条件下内摩擦角大 0.5°~2°。试验结果还发现,平面应变条件下试样孔隙水压力的变化比相应三轴压缩条件下的试样要大。在排水试验中,当应变相同时,平面应变条件下有效应力比(即抗剪强度)比三轴压缩条件下要大,而且平面应变试验中试样的内摩擦角比相应的三轴压缩试验大。

局部应变(特别是剪切带)对颗粒土有重要影响,甚至决定了试样的力学行为特性。一些学者利用分叉(Bifurcation)理论解释局部应变现象,他们认为塑性区局部化是由于土体分叉不连续造成的。Peric 等(1992)比较了平面应变条件和三轴压缩条件下的塑性分叉,结果表明,由于三轴压缩条件下的硬化阶段对塑性分叉具有抑制作用,所以平面应变条件比三轴压缩条件更容易发生塑性分叉。他们认为,无论平面应变还是三轴压缩条件下,中主应力分量在三维解中都是平面外主应力分量。中主应力的不断变化会提高分叉发生的可能性,而三轴压缩条件对中主应力的抑制阻碍了分叉的形成。

Finno 等(1996)对松散饱和细砂进行了一系列完全不排水试验。对三轴压缩和平面应变条件下试样稳态线进行了比较。结果表明,三轴压缩试验试样的稳态线一般位于平面应变试验试样稳态线的下方,说明三轴压缩试验和平面应变试验不仅具有不同的峰值强度,而且稳态强度也不同。这表明,当孔隙比相同时,三轴压缩试验的平均有效应力比平面应变试验低,相应三轴压缩试验的最小剪应力会比平面应变试验低,说明三轴试验结果所得强度参数更偏于保守。

2.2.2 平面应变试验、直剪试验和三轴压缩试验的关系

由于平面应变试验复杂繁琐,一些学者根据三轴压缩试验、直剪试验和平面应变试验的数据结果,分析了三种试验所得强度参数之间的关系,提出了根据轴对称三轴压缩或直剪试验结果计算平面应变条件下试样强度参数的公式。

Rowe (1962)分析了试样膨胀性和强度的关系,认为试样的膨胀和强度与试样吸收和消耗的能量有关,并以该理论为基础,提出了直剪试验和平面应变试验峰值强度的关系公式:

$$\tan \phi_{ds} = \tan \phi_{ps} \cos \phi_{cv} \tag{2.1}$$

式中,ϕ_{ds}和ϕ_{ps}分别为直剪试验和平面应变试验中的峰值摩擦角,ϕ_{cv}是体积不变(稳态)时的摩擦角。需要注意该公式的假设前提是主应力方向和主应变的方向相一致。

Ramamurthy 和 Tokhi (1981)假设 $\sigma'_2/(\sigma'_1+\sigma'_3)$ 是一个常数,然后根据平面应变试验和三轴压缩试验结果提出了下面公式:

$$\frac{1}{\sin \phi'_{ctc}} = \frac{1}{\sin \phi'_{ps}} + \frac{2}{3}b \tag{2.2}$$

式中,$b = (\sigma'_2-\sigma'_3)/(\sigma'_1-\sigma'_3)$。此外,Ramamurthy 根据 Reades (1972),Lade 和 Duncan (1973),Bishop (1966)和 Green (1972)等人的室内试验结果,推导出了下面两个公式:

$$\sin \phi'_p + 3\left(\frac{1}{\sin \phi'_c} - \frac{1}{\sin \phi'_p}\right) = 1 \tag{2.3}$$

$$3\sin \phi'_p - \sin \phi'_c(\sin \phi'_p + \cos \phi'_p) = 2\sin \phi'_c \tag{2.4}$$

式(2.3)适用于土体体积变化比较小的情况,而式(2.4)更适用于体积膨胀较大的情况。

Hanna (2001)提出了一种根据三轴压缩试验结果推算砂土在平面应变条件下的抗剪强度的方法。该方法以 Rowe (1962)的剪胀理论为基础,Rowe 的剪胀理论以估算试样受剪时能量的损失为基础,提出了以下公式:

$$R = DK = D \tan^2\left(\frac{\pi}{4} + \frac{\phi_f}{2}\right) \tag{2.5}$$

式中,R 为主应力比,D 为膨胀系数,K 是材料参数。

$$R = \frac{\sigma_1}{\sigma_2} \tag{2.6}$$

$$D = 1 - \frac{\mathrm{d}\upsilon}{\mathrm{d}\varepsilon_1} \tag{2.7}$$

$$K = \tan^2\left(\frac{\pi}{4} + \frac{\phi_f}{2}\right) \tag{2.8}$$

式中,$\mathrm{d}\upsilon$ 和 $\mathrm{d}\varepsilon_1$ 分别是体积应变和轴应变的塑性分量,ϕ_f 是 Rowe 法中的摩擦角。

Rowe 假设对于非常松散的砂土 D 为 1,对非常密实的砂土 D 为 2。所以,使用非常松散试样进行三轴压缩试验时有:

$$R = \tan^2\left(\frac{\pi}{4} + \frac{\phi_{cv}}{2}\right) \tag{2.9}$$

使用非常松散的试样进行平面应变试验时:

$$R = \tan^2\left(\frac{\pi}{4} + \frac{\phi_u}{2}\right) \tag{2.10}$$

使用极度密实的试样进行平面应变试验时:

$$R = 2\tan^2\left(\frac{\pi}{4} + \frac{\phi_{cv}}{2}\right) \tag{2.11}$$

式中,ϕ_{cv} 为剪切体积不变条件(稳态)下的库仑抗剪切角,ϕ_u 是土粒间的摩擦产生的抗剪切角。

Hanna(2001)对 Rowe 的剪胀理论进行了一系列的室内试验验证,并以剪胀理论为基础提出了根据三轴压缩试验结果推断平面应变条件下抗剪切角计算公式:

$$\tan\phi_{ps}\cos\phi_{cv} = \frac{(KD-1)\sqrt{12D-3D^2}}{4KD-KD^2+3D} \tag{2.12}$$

式中,ϕ_{cv} 同样为剪切体积不变条件(稳态)下的库仑抗剪切角,它和参数 K、D 都由三轴压缩试验确定。

Bolton(1986),Schanz 和 Vermeer(1996),Geordiadis 等(2004)研究了不同荷载条件下的土体抗剪强度的大小,发现松砂或试样达到临界状态时,临界状态剪切角与荷载条件无关:

$$\phi'^{ps}_{cv} = \phi'^{tc}_{cv} \tag{2.13}$$

Bolton(1986)根据这一结论及大量试验数据,提出了平面应变条件下剪切角的计算公式：

$$\phi_p^{ps} - \phi_{cv}^{ps} = 5I_R \qquad (2.14)$$

和三轴压缩条件下剪切角的计算公式：

$$\phi_p^{ctc} - \phi_{cv}^{ctc} = 3I_R \qquad (2.15)$$

式中，$I_R = I_D(Q - \ln p') - R$，$I_D$ 为相对密实度，p' 为破坏时的平均有效应力。研究表明当 Q 取 10 而 R 取 1 时，可以得到砂土试验结果的最佳拟合。Schanz 和 Vermeer（1996）将式（2.14）和（2.15）合并为

$$\phi_p^{ctc} = \frac{1}{3}(3\phi_p^{ps} + 2\phi_{cv}) \qquad (2.16)$$

国内一些学者对土体试样在不同应力状态的宏观特性作过一些研究。史宏彦等基于空间滑动面理论提出了一种平面应变条件下无黏性土的破坏准则，将平面应变与三轴条件下的有效内摩擦角联系起来，通过三轴试验确定平面应变条件下土的强度参数。唐世栋和罗志琪基于对上海地区直剪试验和三轴压缩试验剪切强度指标对地基承载力的计算，利用统计分析方法得出了不同试验中抗剪强度指标之间的经验关系系数。刘金龙、栾茂田等根据砂土的空间滑动面准则，研究了考虑中主应力效应对三轴压缩条件时砂土抗剪强度的影响。钱建固和黄茂松基于有限变形理论推导的应变局部化的理论解析，分析了三轴压缩和平面应变条件下应变局部化现象在弹塑性硬化阶段的存在性及剪切带的方向性。

2.2.3　总结

以上关于平面应变试验、直剪试验和三轴压缩试验的研究大都致力于研究土的宏观特性，如抗剪强度、应力应变关系以及体积变化等，涉及细观特性的研究较少。特别是对不同荷载条件下试样不同的宏观力学行为特性产生的原因研究很少。另外，根据室内试验数据来推断三轴压缩试验和平面应变试验相关关系的研究成果仍缺乏说服力。

2.3　细观结构分析研究：试验法

近几十年来，人们越来越认识到由离散的颗粒组成的土体，其宏观特性是由颗粒之间相互作用的细观结构和细观力学特性所决定和控制的。因此很多学者采用试验法研究试样受剪切前后土的细观结构，试验主要包括三轴压缩试验、平面应变试验和直剪试验。

2.3.1　三轴压缩试验

研究颗粒土细观结构的方法可以大致地归为两种：破坏法和非破坏法。破坏法主要有固化切片图像分析（Kuo and Frost，1996；Frost and Jang，2000），非破坏法包括磁共振成像法（MRI）（ Ng and Wang，2001）和 X 射线断层图像法（Vardoulakis et al.，1985；

Desrues，1996；Wang et al.，2004；Batiste et al.，2004）。很多学者采用数字图像法对土颗粒细观结构进行分析（Kuo，1994；Park，1999；Jang，1997；Chen，2000；Yang，2002），研究三轴压缩试验中试样的制备方法、试样大小和密度、颗粒形状和粒径以及边界条件等对试验结果的影响。

Hilliard（1968）提出了一种体积—面积等效转化的方法。以这种方法为基础，Kuo 和 Frost（1996）采用树脂凝固和数字图像分析方法进行了一系列的三轴试验，对无黏性土细观、宏观和整体力学行为一致性进行了研究。此外，他们还提出了一种衡量体积面积相互转化的精确性的方法。

Oda（1976）提出采用局部孔隙比分布（Local Void Ratio Distribution，LVRD）来描述和研究颗粒材料的细观结构。局部孔隙比分布一般用局部孔隙比和其占总的固体面积的百分比的柱状图来表示（Kuo，1994），这一参数的表示如图 2.1 所示，剪切对土体的细观结构影响的局部孔隙比分布分析如图 2.2所示。

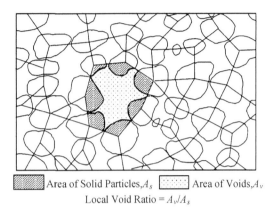

图 2.1　局部孔隙比分布图解

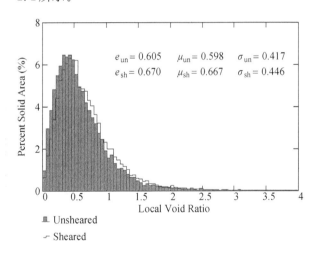

图 2.2　局部孔隙比直方图

Frost 和 Jang（2000）采用均匀细石英砂在排水条件下进行了三轴压缩试验，并用图像分析法定量分析孔隙比分布，对剪胀试样的细观结构进行研究。试验取得图像的方法如图 2.3 所示。他们通过分析试样制备方法对局部孔隙比分布影响发现，试样中局部孔隙比相差非常大，整体孔隙比不能反映试样的真实特性。采用图像分析法，分析了孔隙比分布随着轴应变增加的变化。结果表明，试样在受剪过程中，试样中部的平均孔隙比首先发生变化，且这一变化随着加载的进行慢慢向试样两端发展。研究不仅定量给出试样在颗粒尺度的行为变化，还为试验类型选择的合理性提供理论基础，比如在修正弹塑性本构模型时可以采用三轴试验。

Wang 等（2004）采用 X 射线断层图像法，用颗粒重构颗粒系统三维数字模型。通过记录颗粒质心坐标和颗粒形态来表示整个颗粒系统，颗粒的运动包括颗粒位移、旋转，可以通过计算求得。他们还采用图像识别技术分析断面图像，识别相邻颗粒，并开发了程序来自动实现这一过程。使用这种方法可以使数值模型建立、加载模拟及颗粒尺度行为观测真正三维化。除此以外，还可以通过这种方法计算接触方向的分布、接触力的分布以及孔隙比的分布等。

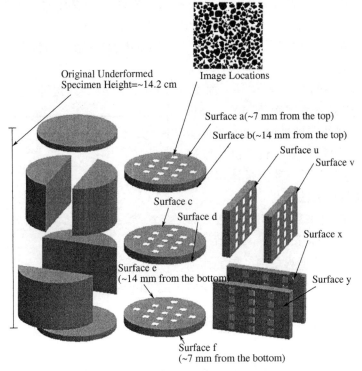

Original Underformed
Specimen Height=~14.2 cm

Image Locations

Surface a(~7 mm from the top)

Surface b(~14 mm from the top)

Surface u

Surface v

Surface c

Surface d

Surface x

Surface e
(~14 mm from the bottom)

Surface y

Surface f
(~7 mm from the bottom)

图 2.3　试样切片和图像的获取位置

(Frost 和 Jang, 2000)

　　Desrues 等(1996)采用计算机断层图像法,研究三轴试验试样的应变局部化现象以及剪切带中的孔隙比的发展变化,分别对低围压下的密实试样和松散试样进行了研究。研究发现,密实试样的应变局部化形成与发展都很明显,但是松散试样未发现密度发生较大变化的区域,所以无法分析松散试样的应变局部化现象。他们认为,局部化区域与荷载条件有关。很多试验中通过分析局部孔隙比都观察到了一个中心锥和一系列平面。他们认为由于试样整体反应的连续性和局部化发生模式的复杂性,试样的对称性对应变局部化具有抑制作用。研究发现,剪切带中局部孔隙比具有极限值,且该值与应力水平相关,但是并不等于最终状态下整体孔隙比。

　　Batiste 等(2004)在地面微重力实验室中对 Ottawa 砂进行了一系列低有效应力的三轴压缩试验,并用计算机断层成像法进行分析。他们认为可以通过分析孔隙比分布确定剪切带的形成与开展,并提出了确定剪切带厚度和倾角的方法,提出了计算剪切带内和剪切带外孔隙比变化的方法。为了研究试样体积变化,根据应变局部化将试样划分为四个区域:端部锥区、低应力水平区、高应力水平区、分散剪切区。试验表明,试样达到峰值强度后开始出现剪切带,且观察到了两种剪切带:轴向锥面剪切带和径向平面剪切带(如图 2.4 所示)。他们还提出一个非常重要的概念——动态影响(Kinematic Influences)。因为对称加载,所以试样内同时出现很多剪切带。随着剪切带的形成,试样变形形成滑动面,而滑动面使得一些剪切带不再继续开展,这导致试样内部的应力重分布,并且形成一些新的剪切带。有部分学者(Wong,2001)的研究结果与他们结论不一致,这些学者认为剪切带交叉形成稳定的楔形导致试样强度增加。Batiste 等通过定量分析发现,试样内很多区域在刚加载时就开始变形,但因为动态的复杂性和干扰没有形成剪切带。所以认为试样的峰值强度与剪切带的交叉及面积扩大有关。剪切带的交叉及面积扩大承担了较大的荷载,同时阻碍了剪切带的开展,使得当试样达到峰值强度后,剪切带才完全形成。所以他们认为剪切带和剪切带外试样分叉共同影响试样性质,而不是只有剪切带影响试样性质。

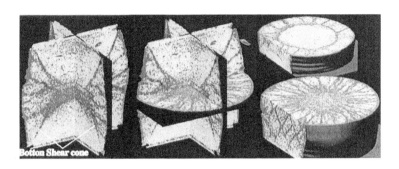

图 2.4　三轴试验计算机断层图像

(Batiste 等,2004)

2.3.2　平面应变试验

平面应变试验与三轴压缩试验不同,三轴试样的变形一般比较均匀,而平面应变试验试样的应变局部化(尤其是剪切带)比较明显,且应变局部化对试样性质起决定性作用。因此,很多对平面应变试样细观结构的研究主要针对剪切带开展。研究方法有很多,如立体摄影测量法(Harris et al.,1995)、X 射线断层图像法(Oda and Kazama,1998)、数字图像法(固化切片显微成像)(Alshibli and Sture,1999;Evans,2005)等。

Han 和 Drescher (1993)对干粗砂进行了一系列的平面应变试验,研究了剪切带的形成与开展。研究发现,剪切带的方向与围压有很大关系。

Harris 等(1995)采用松散饱和细砂,分别在排水和不排水条件下进行了一系列的压缩试验,并采用立体摄影测量法进行分析。试验装置的一侧透明,可以从该侧对试样变形进行拍照分析。研究发现试样变形可以分为三个区域:均匀变形区、应变局部化扩散区、高度不均匀应变区。研究发现,试样中最后形成剪切带的区域的剪缩比其他区域剪缩大。但是,在剪切带完全形成之前,这部分区域体积保持不变或发生剪胀。结果显示,试样剪切带的倾角大小值介于 Roscoe 预测值($\theta_R = 45° + \psi_p/2$,其中 ψ_p 是峰值剪胀角)和 Coulomb 预测值($\theta_C = 45° + \varphi_p/2$,其中 φ_p 是峰值摩擦角)之间,且剪切带厚度为颗粒平均直径的 12 到 17 倍。但是这种研究方法具有一个明显的缺点,即只能观察到试样边界细观变化,不能观察到试样内部的细观变化。

Finno 等(1997)采用饱和细砂分别在排水和不排水条件下进行了平面应变试验,研究松砂的应变局部化现象。他们采用立体摄影测量和试样边界力及边界位移测量相结合的方法,研究应变局部化的开展。在排水和不排水两种试验下都观察到了剪切带。结果发现,剪切带形成时的摩擦角与最大摩擦角非常接近,剪切带的体积应变约为零,剪切带厚度约为平均颗粒直径的 10 到 25 倍,剪切带的倾角介于 Coulomb (1773)预测值和 Authur (1977)预测值[$\theta_A = 45° + (\varphi_p + \psi_p)$]之间。

Oda 和 Kazama (1998)对 Toyoura 砂和 Ticino 砂进行了试验,采用 X 射线断层图像法和光学测量法分析试样剪切带的开展。光学测量测定了两个薄剖面,一个是垂直于第二主应力方向的垂直面,另一个是剪切带中的一个薄剖面(见图 2.5)。通过 X 射线断层图像发现,由于加载刚板的摩擦约束作用,试样剪切带的边界不是直线,剪切带的厚度约为平均颗粒直径的 7 到 8 倍,而且剪切带内的孔隙比非常大。他们推断,试样在受荷条件下形成了柱状结构,使得剪切带内形成极大的孔隙。平行于大主应力方向的柱状结构的生成和发展是非常重要的细观结构变化,他们认为柱状结构的形成是试样硬化的主要原因,而柱状结构的屈曲是试样破坏的主要原因。他们还对颗粒的方向进行了研究,发现剪切带边界处颗粒方向变化较大,且颗粒旋转与连续介质的宏观旋转相平行。他们认为颗粒土强度主要是由颗粒接触处的转动阻力提供。

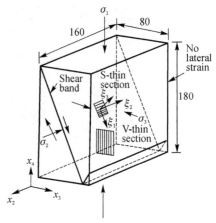

图 2.5　坐标系及剖面选取
(Oda 和 Kazama, 1998)

Alshibli 和 Sture (1999)采用数字图像技术研究了平面应变条件下试样的应变局部化现象。他们采用两种研究方法对比分析。一种是在乳胶膜上划分网格再用数字光学图像法进行分析,另一种是对试样采用环氧树脂浸渍固化然后切片分析。两种研究方法得到的剪切带厚度一致。除此以外,他们还研究了颗粒大小、试样密度、围压对剪切带厚度的影响。研究发现,颗粒越大、密度越小,剪切带厚度越小,而剪切带厚度与膨胀角成正比。

Evans (2005)采用 Ottawa 砂进行了一系列的平面压缩试验,并对试样进行固化切片抛光,同时进行数字图像分析。为了避免 Oda 和 Kazama (1998)提出的试样浸渍不完全问题,Evans 采用了树脂胶二次固化的方法对试样进行固化。为了对试样的大面积断面进行细观结构分析,他们提出了一套进行切面表面处理、图像采集和图像拼接的方法。通过分析局部孔隙比和平均自由程来确定应变局部化区域,并提出了用倾斜条带空间平均分析来描述剪切带的方法。他们发现,剪切带内局部孔隙比比剪切带外大,剪切带内土体达到最终密实度,而且剪切荷载和体积不再变化。在试样均匀区和剪切带完全形成区中间有一个过渡带,而不是发生突变。低剪胀性和高剪胀性试样的剪切带厚度约分别为颗粒平均直径的 8 倍和 11 倍。

2.3.3　直剪试验

很多学者研究了直剪试验试样的细观结构。Nakayama (1994)通过一系列的直剪试验,从细观角度研究了超固结黏土的抗剪性能,分析了不同初始状态下试样的颗粒方向和剪切带的宽度。Wang 等(2005)研究了不同荷载条件下软土的细观结构。在直剪条件下,通过对四个细观参数的分析,研究了荷载条件下试样细观结构的变化:柱状结构单元的大小和形状、孔隙的大小和形状、柱状结构单元方位、孔隙方位。Zhou 和 Mu (2005)通过一系列的直剪试验研究剪切面细观结构和软土强度的关系。他们通过剪切破坏面图像分析试样细观结构特性,发现试样强度参数与细观结构特性有关。讨论了一些宏观参数(如塑性指数 I_p、黏粒含量 P_c)和细观结构间的关系,发现软土的抗剪强度的变化与试样细观结构变化一致。

2.3.4 总结

通过对采用试验法研究不同荷载条件下颗粒材料细观特性文献的回顾,可以把已有研究的主要内容归结为两类:一是不同荷载条件下颗粒材料细观结构空间特性的研究,包括孔隙比分布、应变局部化、剪切带的倾角和厚度(破坏前和达到峰值应力后)的研究;另一个是不同荷载条件下颗粒材料细观结构时间特性的研究,包括不同状态下孔隙比变化、颗粒方向和位移的变化、剪切带的开展过程等的研究。但是,这些试验研究法并不完善,比如,很多试验都通过有限的图片推断试样的三维细观结构特性,图片的分辨率也是一大问题,这些是空间特性上的限制。另一方面,很多研究在时间特性上也有不足,比如,研究试样细观结构的变化,需要分析同一试样在不同状态下(如不同应变大小时)的细观结构,但是大部分研究在试样复制的过程中只能做到统计意义上的一致,而不可能是完全一样。这也是采用试验法研究颗粒材料细观结构的主要缺点。

2.4 细观结构的研究:数值模拟

从实际操作的角度出发,采用试验法研究颗粒材料的细观结构一般都耗时、不经济、操作困难。从理论分析角度出发,试验法具有前文提到的时间限制和空间限制。数值模拟法成为研究颗粒材料的细观结构的一种重要方法,得到越来越多学者的青睐。数值模拟不仅省时、经济,而且还可以很好地解决试验法中的时间问题和空间问题。除此以外,只要数值模型合理有效,数值模拟可以获得很多试验法很难或无法获得的数据。比如,在实验室中很难测得试样抗剪过程中力链的变化,但是在数值模拟中可以方便地获得。虽然数值模拟不能完全取代室内试验,但是可以和室内试验互为补充,成为进一步深入研究颗粒材料细观特性的一种重要方法。

研究颗粒土细观结构的数值模拟方法有很多,主要可以分为两类:基于连续介质的方法和基于离散体的方法。在连续介质法中,土体被视为连续介质,连续介质法的最大优点是模型建立时有很多成熟本构模型可以选用(Rudnicki and Rice,1975;Muehlhaus and Vardoulakis,1987;Vardoulakis,1989;Gudehus and Nübel,2004;Voyiadjis et al.,2005;Kim,2005),且模型参数易于获得。但是颗粒材料本质上是由一个个独立的颗粒组成的,这些颗粒不连续,通过相邻颗粒的接触点相互作用,颗粒之间的运动相对独立。离散体法是一种基于离散介质法来研究土颗粒特性的数值方法,通过颗粒的运动方程和牛顿公式来建立颗粒材料模型。离散体法与连续介质法相比,这种方法更符合颗粒材料的实际状态,可以更好地对颗粒材料的细观结构和细观力学进行研究,近年来被越来越多的学者所采用(Cundall and Strack,1979;Cundall,1989;Bardet and Proubet,1991;Ng and

Dobry，1992；Bardet，1994；Oda and Iwashita，2000；Sitharam et al.，2002；Suiker and Fleck，2004；Evans，2005；Zhu et al.，2006）。离散单元法计算中，交替使用颗粒接触点处的力—位移方程和牛顿第二定律，通过已知位移和力—位移方程计算接触力，通过已知接触力和牛顿第二定律确定颗粒的运动，反复循环计算模拟颗粒材料的行为特性。

离散单元法被国内一些学者用来进行理论研究和实际应用的数值模拟分析。蒋明镜等在标准离散元模型的基础上提出了一种考虑颗粒转动摩擦力，用一定接触宽度来代替标准离散元的点接触的二维模型。在实际应用上，蒋明镜等还用离散单元法对静力触探试验进行了二维数值模拟。刘斯宏等用 DEM 模拟了颗粒介质的双轴压缩试验，分析了颗粒介质在压缩-剪切过程中的内部细观结构，基于颗粒接点数分布的变化提出一个颗粒介质的屈服函数。张洪武等基于空隙胞元法，采用颗粒离散元法模拟了二维颗粒试样的平面应变试验。周健等利用离散单元法对管涌发生发展过程、循环荷载下砂土的液化特性等实际问题进行了数值模拟。

2.4.1　三轴试验

之前已有学者采用不同数值方法［包括连续介质法（Zhu et al.，2006）和离散介质法（Ng and Dobry，1992；Sitharam et al.，2002；Suiker and Fleck，2004；Ng，2004）］对三轴压缩条件下的颗粒材料进行了数值模拟，分析初始状态、颗粒间接触摩擦角、颗粒滑移和旋转、配位数的变化、试样各向异性变化、本构力学等因素对试样宏观性质的影响。

Ng 和 Dobry（1992）编写了二维数值模拟程序（CONBAL-2），该程序以 Cundall（1984）提出的基于离散元法的三维程序 TRUBAL 为基础，在循环（无限）空间内随机生成颗粒来模拟颗粒材料。以弹性系数、摩擦系数、球颗粒大小为函数，实现了颗粒间接触点的力—位移关系的计算算法。采用这一程序，可以模拟三种试验：排水单调加载试验、不排水三轴试验、不排水循环扭剪试验。采用前两种试验可以分别模拟排水和不排水条件下三轴压缩试验。尽管二维模型中颗粒形状、颗粒大小、颗粒旋转与实际颗粒的差异会导致模型刚度变大，但是这些数值模型的宏观特性与室内试验基本一致。模拟结果表明，随着应变增加，颗粒间接触会减少。循环荷载模拟可以用于模拟不排水条件下循环扭剪试验。模拟的结果与实验室试验结果也非常一致，这是文献中第一次使用离散元成功模拟不排水条件下循环加载试验。

Thornton（2000）对轴对称三轴压缩条件下循环空间内弹性球体集合进行了一系列三维数值模拟分析，研究了偏应力、结构各向异性张量、配位数等内部变量。研究发现，当试样体积不变时（临界状态），这些变量都是常数且与初始试样密度无关。研究了颗粒间摩擦对接触点滑动、抗剪强度、大应变状态下孔隙比、临界配位数的影响。结果表明，当颗粒间摩擦力增加时，松散试样和密实试样的剪切模量和抗剪强度都增加。颗粒间摩擦力增大，还会导致结构的各向异性程度增加，膨胀速度加快。该研究还对普通径向加载、常数偏应变试验和多轴平面应变试验等不同加载条件进行了模拟，表明了数值模拟在岩土工程中的普遍适用性。

Sitharam 等（2002）采用松散和密实的球颗粒模拟了排水和不排水条件下的三轴压缩试验。采用离散元法研究三维条件下颗粒材料的内部变量和宏观特性的变化，分析了各向同性压缩和三轴压缩条件下的应力—应变特性和体积变化。分别研究排水和不排水条件下松散试样和密实试样内部变量,研究的内部变量包括平均配位数、偏接触力系数(法向和切向)、接触参数分布(接触方向、法向接触力、切向接触力),并采用调和函数拟合接触参数分布。研究发现,三轴压缩试验在加载过程中,接触方向和法向接触力的分布由球形向花生形变化,且它们的方向在加载过程中始终与第一主应力保持一致。切向接触力的分布最后为哑铃形,长轴位于与最大主应力和最小主应力成 45°角的平面上。法向接触力分布的变化表明,加载过程中小主应力方向的接触减少,大主应力方向的接触增加。临界状态下,松散试样和密实试样的平均配位数相等。

Suiker 和 Fleck(2004)进行了一系列的三维离散元数值模拟,研究颗粒间摩擦角对局部颗粒滑动、转动以及对颗粒材料强度的影响。模型中颗粒运动条件有三种:允许滑动和转动、只允许滑动、只允许转动。研究发现,试样达到稳定状态时,摩擦角越大颗粒间接触越少。这表明,摩擦角越大,试样整体强度越大,且在稳定状态下,配位数接近于各向同性颗粒材料配位数的最小值。如果限制颗粒转动,偏应力会增加一到两倍,试样在应变较小时就发生稳定状态的破坏。将数值模拟的结果与采用钢球进行的三轴试验相对比,发现模拟结果与试验结果一致。

Cui 等(2015)提出了一种新的离散元模型建模方法,该方法采用径向循环周期边界,并采用基于三角法的应力控制来模拟薄膜围压。利用该模型模拟了一系列的三轴压缩试验来研究颗粒间的相互作用。他们除了研究颗粒间相互作用的接触力的方向和分布,还研究了颗粒集合体构造和配位数随着加载过程的变化、局部应变、颗粒旋转等,观察到了这些细观特性在试样内分布的不均匀性。

除了离散元法以外,Zhu 等(2006)用连续模型模拟了三维颗粒材料,研究了试样细观结构的影响以及其发展变化(初始及发展各向异性)。该模型主要运用了膨胀剪切、结构概念、摩尔库仑屈服条件等理论。在有限元软件 ABAQUS/Explicit 中通过自己定义材料性质输入本构模型,运用该程序对具有不同初始结构的颗粒材料进行三轴压缩试验。结果表明这一本构模型可以反映颗粒材料强度的各向异性。

2.4.2 平面应变试验

因为颗粒材料的特殊性,所以离散单元法比连续介质法更为适合,因此离散单元法得到了更多应用。已有大量的学者采用离散元对平面应变试验进行模拟,他们有的采用二维模型(Cundall,1989;Iwashita and Oda,2000),也有的采用三维模型,颗粒的形状有圆盘(Bardet and Proubet,1991)、椭球(Ng and Wang,2001)、球颗粒或粘结的球颗粒(Potyondy and Cundall,2004;Evans,2005)等。

Cundall(1989)分别采用连续介质模型和不连续模型进行了平面应变试验数值模拟,研究摩擦材料的局部化性质。在连续模型中,用 FLAC (Itasca,2005)有限差分程序与应变硬化本构模型进行模拟。研究发现试样内部强度不一致,出现了局部化现象。在不连续模型中,采用循环边界条件进行双轴试验模拟,用刚性压板进行单剪试验模拟。研究发现,周期边界会抑制试样局部化的发生。在单剪试验中,剪切带厚度随着加载过程的进行而减小。当剪应变为 5.5% 时,剪切带厚度最小,约为颗粒直径的 6 倍,随后剪切带厚度增加。

　　Bardet 和 Proubet (1991)采用理想的二维颗粒进行数值模拟来研究颗粒材料剪切带的结构。该研究中,采用柔性应力控制边界代替周期边界,减小剪切带内的颗粒运动受到的边界影响。研究发现,随着轴应变增加,剪切带厚度由平均颗粒直径的9倍降为7.5倍。研究了剪切带内颗粒旋转、孔隙比、体积应变,以及整个试样、剪切带内、剪切带外接触方向的分布。结果表明,轴应变越大,配位数越小,且剪切带内配位数比剪切带外小。剪切带内的接触方向大多数与剪切带方向一致。

　　Bardet (1994)研究了颗粒旋转对理想颗粒材料破坏的影响。研究发现,颗粒旋转对材料弹性性能的影响很小,但是对材料抗剪强度的影响很大。整个试样的平均颗粒旋转较小,但是剪切带内颗粒平均旋转很大。而且发现,颗粒旋转频率分布与轴应变无关而呈指数分布。因为颗粒旋转主要集中在剪切带内,试样整体摩擦角和残余摩擦角比颗粒间摩擦角小。通过对接触方向、结构张量、接触力频率分布的研究发现,随着轴应变增加,接触方向和接触力的分布由圆形向椭圆形变化,表明由初始的各向同性向各向异性转变。分布椭圆的长轴与最大主应力方向一致,这与 Sitharam 等(2002)结论一致。

　　Iwashita 和 Oda (2000)提出了一个修正有限元(Modified Distinct Element Method, MDEM)模型,并利用该模型研究了引起剪切带形成的细观变形机理。为了考虑转动阻力的影响,修正有限元模型在每个接触点处增加了一个弹簧、一个阻尼器、一个没有拉力的节点和一个滑片。在模拟过程中发现了与室内试验(Oda 和 Kazama,1998)一样的柱状结构(如图 2.6)。在三轴压缩试验(Oda,1972)和单剪试验(Oda and Konishi,1974)中都观察到了柱状结构。他们认为,试样硬化阶段柱状结构的形成,和试样软化阶段柱状结构的破坏是基本的细观变形机理。柱状结构间的细长孔隙的形成是试样破坏前体积膨胀的原因。当试样达到峰值应力后,在剪切带外出现柱状结构,剪切带内的剪应力和平均应力小于剪切带外,且主应力方向不再竖直。他们认为,当试样破坏后,柱状结构的重新生成是由于颗粒转动,而不是颗粒滑动,这导致剪切带边界处颗粒转动相差较大。且剪切带内孔隙较大,其孔隙比可能比标准试验中得到的最大值还大。这些现象可能都是由柱状结构导致的。

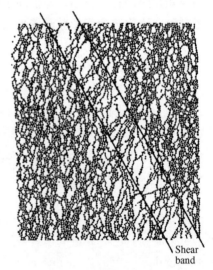

图 2.6　剪切带中柱状结构

(Iwashita 和 Oda,2000)

　　Powrie 等(2005)采用三维颗粒流软件(PFC-3D)模拟了一系列的平面应变试验,研究载荷板摩擦、试样初始孔隙比、颗粒形状以及颗粒间摩擦角对应变局部化和剪切带的影响。当载荷板光滑时,试样均匀变形且没有剪切带。试样初始孔隙比越大,剪切带越不明显,当试样特别松散时没有剪切带。试样颗粒形状系数越大,颗粒旋转越小。颗粒间摩擦角的变化与试样的峰值抗剪角基本一致,临界状态下有效摩擦角的变化约为峰值抗剪角的四分之一。

　　Evans (2005)采用二维的颗粒流软件(PFC-2D)模拟平面应变试验。他最主要的成果之一是提出了一种用柔性边界条件来模拟薄膜的数值算法。之前的数值模拟中,最常用的边界条件是采用刚性墙或应力控制的颗粒串来模拟薄膜,而 Evans (2005)采用伺服控制的颗粒串来模拟薄膜。这种方法不仅可以提供相对稳定的围压,而且可以很好地反映试样边界处颗粒发生的局部变形,更真实地说明试样内剪切带的形成不仅与颗粒间接触有关,还与边界条件有关。通过局部孔隙比分布图和倾斜带分析剪切带的分布范围,试样的累积孔隙比明显增大的部位被认为是剪切带的边界部位。从子区域的孔隙比和平均自由程的分析发现,剪切带在整体轴应变达到 4% 之前剪切带开始形成,并随着轴应变增加而继续发展(图 2.7)。采用伽马分布对试样整体、剪切带内、剪切带外局部孔隙比分布图进行了拟合,模拟结果发现,孔隙比、平均孔隙比、孔隙比标准差都在应变为 2%~4% 之间开始突变。从不同应变状态下孔隙比伽马分布可以看出,当轴应变为 0%~2% 时,孔隙比分布比较相似,当轴应变为 2%~4% 时,孔隙比分布发生明显变化。倾斜带分析表明,当试样开始应变局部化时,剪切带内孔隙比和孔隙比标准差较大,而剪切带外的孔隙比几乎不变。

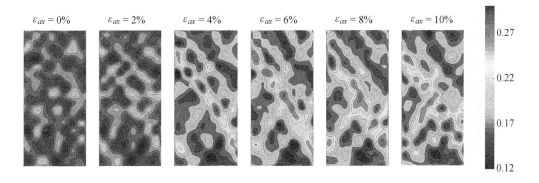

图 2.7　局部孔隙比分布云图

(Evans,2005)

2.4.3　直剪试验

很多学者采用离散元对直剪试验进行了数值模拟。Ni 等(2000)模拟了一系列直剪试验来研究颗粒材料细观特性对材料抗剪强度的影响。颗粒材料采用粘结的球颗粒,而不是以前很多学者采用的理想圆颗粒或球颗粒。其研究了颗粒形状、颗粒大小、颗粒间摩擦、法向有效应力对抗剪强度和受剪时应力—应变特性的影响。研究结果发现,颗粒形状对颗粒运动的影响很大,颗粒大小对残余摩擦角和体积膨胀的影响非常大,而颗粒间摩擦对抗剪强度和试样膨胀影响很大,且法向有效应力越大,试样摩擦角越小。

Masson 和 Martinez (2001)采用离散元建了密实和松散的圆柱形试样模型并进行直剪试验模拟,研究颗粒材料的细观力学。数值模拟观察到了理想塑性状态,而且这一状态与试样初始密度无关,并详细分析了接触方向和接触力的方向,绘制了接触方向和接触力的极状分布图。结果显示,在初始状态下,密实试样接触力分布非常均匀且为各向同性分布,而松散试样接触方向多为竖直方向。受荷后,密实试样和松散试样接触力分布图形都类似于花生形,且长轴方向都与最大主应力方向一致。这一现象与其他学者的研究结论一致(Bardet,1994;Sitharam et al.,2002)。研究还发现,尽管初始分布不同,在受荷时,无论是密实试样还是松散试样,接触力分布长轴都与水平轴成 45°角。这表明,直剪试验沿 45°角方向压缩试样,导致该方向的接触数目和接触力增加。

Liu(2006)采用二维离散元建立了密实和松散的圆柱形试样模型并进行了一系列直剪试验模拟。其研究了上剪切盒内部表面和试样之间的摩擦力对抗剪强度的影响。研究发现,这一摩擦力会导致对密实试样的抗剪强度的高估和对松散试样的抗剪强度的低估。从细观角度分析了内摩擦角及应力与膨胀特性之间的关系。研究发现,颗粒材料的内摩擦角与颗粒间摩擦角没有直接关系,而是与接触方向分布和接触力分布有关。

Cui 和 O'Sullivan(2006)进行了室内直剪试验,并对室内试验进行了数值模拟,从而对离散单元法数值模拟的正确性进行了验证。通过数值模拟研究了直剪条件下颗粒材料的宏、细观特性。为了保证室内试验和数值模拟的模型一致,室内试验采用等粒径的钢球。通过采用密度比例法和修正法使得数值模拟结果与试验结果的宏观特性相一致。基于修正参数的数值模型试验,详细研究试样细观性质,包括局部应力和应变、接触力、颗粒位移和旋转、细观结构分析(结构张量和配位数),得到的接触力分布图形和最大接触力方向与Masson 和 Martinez(2001)及 Sitharam 等(2002)的结果相同。

Zhang 和 Thornton(2007)利用 DEM 模拟了二维的直剪试验。研究了颗粒位移和旋转、剪切带内和试样剪切带外的材料特性,分析了临界状态下的应力状态。研究发现,在临界状态下主应力与主应变方向一致,都与水平轴成 45°角,这与首次发现这一现象的 Hill(1950)的结论相一致。其研究了剪切盒宽高比的影响,发现剪切盒宽高比越小,得到的数据越可靠。Jacobson 等(2007)进行了相似的研究,他们采用二维离散元模型,分析了试样大小对测量值精度的影响,以及试样大小对应变局部化的影响。当试样 $L/d>58$(L 为试样最小宽度,d 为最大颗粒半径)时,可以认为试样剪切带受试样边界的影响较小。

2.4.4　总结

从不同荷载条件下颗粒材料细观结构和细观力学的数值模拟文献中可以看出,大多数的研究只分析了单一的荷载条件。很少有学者研究不同荷载条件对试样性质和试样细观结构的影响。另外,很少有学者采用立体图像法和图像分析法(即实验室中分析切面的方法)来分析离散元数值模拟的结果。

2.5　讨论

从文献分析可以看出,有大量的研究致力于分析不同荷载条件下的土体特性。但是,很少有学者从细观角度对这一问题进行分析。很多研究工作都是采用试验分析法,而采用数值模拟进行分析的研究相对较少。在研究颗粒材料细观结构时,试验法和数值模拟都有应用,但大多数的模拟都只分析了一种荷载条件。几乎没有学者分析不同荷载条件对试样的宏观特性起根本作用的细观结构和细观力学。某些试验(平面应变、三轴压缩)的模拟中采用统计方法和分析法,但是并没有采用这些方法对不同荷载条件下的结果进行比较。并且,在数值模拟采用形态学和图形分析法对模拟结果进行分析的还很少。

3 数 值 模 型

3.1 离散单元法简介

颗粒状的材料在现实中很多,如砂土、高度破碎的岩石、谷物、药品粉末等。颗粒物质由于其非连续和接触耗散等复杂性,在 2005 年与湍流并列被 Science 评为 100 个科学难题之一。颗粒材料的很多特性,比如颗粒堆积(Liu et al., 1999;Yang et al., 2003)和颗粒流动(Zhou et al., 1999;Xu and Yu, 1997)等已经得到很多学者的研究。岩土工程中斜坡和大坝的稳定性、建筑工地的选择和准备、地震分析以及近海工程都与颗粒结构的研究息息相关,所以颗粒材料行为特性的研究对岩土工程非常重要。研究颗粒土在不同应力状态下的细观结构特性,从细观力学角度分析解释不同应力状态下土体的不同宏观力学行为对土力学及颗粒物质力学的发展具有重要的理论意义。

尽管颗粒结构具有离散性,但是很多学者(Rudnicki and Rice, 1975;Muehlhaus and Vardoulakis, 1987;Vardoulakis, 1989;Gudehus and Nübel, 2004;Voyiadjis et al., 2005;Kim, 2005)还是采用连续介质的方法来研究颗粒材料的力学性能,常用的连续介质的方法有有限单元法、有限差分法、边界元法等。连续介质的方法最主要的优点是具有很多成熟的本构模型,应力应变关系清楚,模型参数也比较容易获取。但是颗粒材料有很多性质(如局部应变)是连续介质模型不具备的,并且在某些情况下,比如说工程材料的大变形或者破坏,连续介质法将完全不能适用。颗粒材料本质上由很多不同的颗粒组成,颗粒相互独立且相互作用于接触点。颗粒材料的宏观特性就是由颗粒间的相互作用决定的。要想弄清楚颗粒材料细观和宏观之间力学行为特性之间的关系,首先要理解基于颗粒间相互作用和颗粒运动的颗粒细观力学以及细观结构。

离散单元法(Discrete Element Method, DEM)是由 Cundall 和 Strack (1979)首先提出的研究颗粒材料的方法,该方法可以研究颗粒材料在不连续或者大变形情况下细观结构的改变和颗粒特性(如颗粒旋转和位移),离散单元法已经被很多学者证明是研究颗粒材料力学行为特性的有效方法。这种方法被应用于很多工程应用领域,比如边坡的稳定性分析(Hart et al., 1988)、裂隙岩体处隧道开挖时的应力分析(Lorig and Brady, 1984)、颗粒土液化时流体力学分析(Zeghal and Shamy, 2004)、颗粒材料的破碎研究(Lobo-Guerrero et al., 2006)以及地下开挖应力分析(Exadaktyols et al., 2006)等。

3.2 离散单元法原理

三维颗粒流程序 PFC3D (Particle Flow Code in Three Dimensions)是离散单元法的一个通用商业软件。PFC3D 因为其性能卓越、易于使用而被广泛地应用于颗粒材料的研究。现通过 Itasca 公司开发的 PFC3D 程序来介绍离散单元法原理。

离散元模型由一系列互相独立的颗粒组成,这些颗粒只与相邻颗粒通过接触点或接触面相互作用。颗粒的受力及其引起的运动根据牛顿运动定律求得。离散元模型基于一些很重要的前提假设,包括:

1)颗粒被视为刚体,墙为刚性,且只与颗粒相互作用,墙和墙之间没有相互作用力。

2)颗粒接触为点接触。

3)颗粒接触时允许重叠,但是重叠量与颗粒单元尺寸相比很小(柔性接触)。

颗粒位移和颗粒间在接触点的接触力是根据跟踪集合体中每个颗粒的运动而求得,颗粒间的相互作用可以看作是一个动态的过程。这个动态的过程是通过时间步的算法来实现的。在时间步的确定与计算中,假定在每个时间步内速度和加速度保持不变。同时,在一个时间步内,颗粒的运动只对相邻颗粒产生影响,而对与它不相邻的颗粒没有任何影响。在计算颗粒运动的时候采用中心有限差分法。为保证求解过程的稳定,需要确保时间步长小于临界时间步长,临界时间步长跟整个模型的最小固有周期有关。临界时间步长可以通过简化的多质点—弹簧系统计算得到:

$$t = \begin{cases} \sqrt{m/k^{\mathrm{tran}}} & \text{(平动)} \\ \sqrt{I/k^{\mathrm{rot}}} & \text{(转动)} \end{cases} \tag{3.1}$$

式中,m 为质量,k^{tran} 为平动刚度,I 为转动惯量,k^{rot} 为转动刚度。实际所采用的时间步为上式估算临界值的分数,这个分数在程序中可以由用户自己定义。

在计算过程的每一个时步内,对颗粒以及颗粒间的接触交替使用牛顿第二定律和力—位移方程求解。根据作用在颗粒上的力,通过牛顿第二定律可以求解颗粒运动。根据颗粒间位移,通过力—位移方程求解颗粒间的接触力。计算循环如图 3.1 所示:

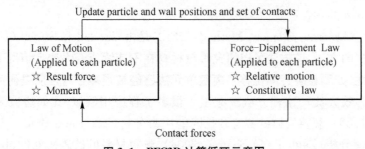

图 3.1 PFC3D 计算循环示意图

(Itasca, 2005)

滑动摩擦可以消耗颗粒系统的能量,但是很难在有限的循环内使系统达到稳定状态或者平衡状态。它可以通过阻尼模型实现较好的能量耗散,可以采用的阻尼模型包括局部非粘滞阻尼、滞后阻尼以及粘滞阻尼等。

由于系统本构特性是由接触本构模型所决定的,所以接触本构模型在离散元分析中至关重要。每个接触点的本构模型包括三个方面:刚度模型、滑动模型和粘结模型。刚度模型有线性接触模型和 Hertz-Mindlin 模型,以此来计算法向和切向的接触力和相对位移的关系。滑动模型主要用来确定法向力和切向力的关系,通过允许滑动来控制接触点切向力。接触点的最大允许切向力为摩擦系数与接触点处法向力的乘积,当接触点的切向力大于最大允许切向力时,就会发生滑动。在粘结模型中,颗粒可以通过接触点的粘结连接在一起,粘结模型可以通过限制粘结力来限制接触处的最大法向力和切向力。粘结模型有两种,接触粘结模型和平行粘结模型,接触粘结模型只能传递力,而平行粘结模型可以传递力和力矩。还有一些其他的模型,比如简单弹塑性模型、简单延展模型以及位移软化模型等,这些模型可以用来模拟更加复杂的接触关系。

3.3 模型特性

3.3.1 模型建立

PFC3D 有几种本构模型(包括接触模型和阻尼模型)可供用户选择,用户可以根据需要选择不同的模型。除此以外,PFC3D 的另一个优势是它提供了 FISH 语言编写程序,用户可以通过 FISH 语言定义新的参数和算法以建立更加复杂的模型,实现一些现有程序没有提供的功能。鉴于 PFC3D 的这些优点,可以采用 PFC3D 对传统三轴压缩试验、平面应变试验和直剪试验进行数值模拟分析。为了更好反映原状土样的非线性和不均匀性,使模拟结果与室内试验结果相一致,在数值模拟的过程中也会增加一些室内试验没有的操作来确保数值模拟的准确性。对上述三种试验进行数值模拟的模型建立的主要步骤如下:

1) 模型空间建立。首先,通过定义墙或柱面来生成指定模型空间。这个空间类似于试验用来装土或制备土样的模具。平面应变试验和直剪试验采用 6 个平面墙,而三轴压缩试验采用两个平面墙和一个柱面墙。

2) 颗粒生成。颗粒的生成主要有两种方法。一种是扩大粒径法,另一种是颗粒排挤法。扩大粒径法首先在给定的空间内随机生成一定数量小直径的颗粒,再通过扩大颗粒的直径来达到预定的孔隙比。这种方法的优点是可以生成确定数目的颗粒,但缺点是颗粒的半径发生变化。而在颗粒排挤法中,在给定空间内一次在任意位置只生成一个颗粒,直到达到期望的孔隙比。在生成颗粒之前,系统会检查新生成的颗粒是否与已生成的颗粒具有同样的质心位置。这种颗粒生成方法的优点是颗粒半径不会改变,缺点是生成的颗粒数目无法事先确定。比起颗粒数目,颗粒的大小更为重要,所以很多研究采用颗粒排挤法来生成模型颗粒。在生成颗粒时一个很重要的问题是如何获得期望的孔隙比,这也是很多学者在研究中碰到的难点。比如,Cui 和 O'Sullivan(2006)提到,"离散元模拟分析中,三维模型中生成指定孔隙比的模型是一个巨大的挑战"。研究表明,可以通过控制生成颗粒过程中颗粒的摩擦系数来达到期望的孔隙比。通过定义不同的颗粒摩擦系数,可以产生不同的孔隙比,从而模拟密实、中密、松散的不同试样。不同的颗粒摩擦系数只是在生成颗粒时用来生成指定的孔隙比,在试样固结以前,颗粒摩擦系数将设定为最终的真实值。

3) 试样稳定和平衡。使用颗粒排挤法生成颗粒时,颗粒可能会有较大的重叠,从而产生很大的法向力,所以在颗粒生成之后需要采用能量消散的方法降低法向力。可以通过大量的平衡运算,比如每计算五步将所有颗粒的速度设置为零,以此实现试样颗粒的平衡。

4) 试样固结。通过数值伺服机制控制各个方向墙或柱面的运动,使得试样各向等压固结,达到需要的固结压力。

5) 薄膜和剪切盒建立。当试样达到需要的应力状态后,需要建立平面应变试验和三轴压缩试验中的薄膜和直剪试验的剪切盒,从而更真实地模拟室内试验。模拟平面应变试验时,把小主应力方向的两个刚性墙用一系列堆叠墙来代替。模拟三轴压缩试验时,用一系列叠堆圆柱面代替单个刚性圆柱面。模拟直剪试验时,把竖向的刚性墙分为两个半墙来模拟上下两个剪切盒。用堆叠墙来模拟薄膜的实现方法详见下节。

6) 应力状态检查。检查试样应力状态,如果需要,重新调整以达到预定的固结状态。固结完成以后,在对试样施加荷载以前,将颗粒位移归为零,这样便可以准确计算土样受剪时的颗粒位移。

7) 试样加载。通过加载面或者剪切盒对试样施加稳定速度来模拟应变控制加载状态。加载过程中,通过伺服机制来控制薄膜或者加载板来控制围压(平面应变试验和三轴压缩试验)和竖向荷载(直剪试验)。

8) 在试样加载过程中,记录偏应力、侧限应力、三向主应力、轴向应变、体积、竖向荷载等参数的变化。可以对试样的初始状态和不同应变时的状态进行记录,以便对试样不同状态的数据进行分析。

3.3.2　薄膜模拟

上一节在介绍数值模型建立的主要步骤中提到,在对实验室试验进行模拟的过程中有一些是在实验室内没有的步骤。其中,一个重要的步骤是对室内试验中薄膜的模拟。本书介绍了在模型固结达到预定的应力状态后,用一系列堆叠墙或堆叠圆柱面来替换原有模型中的刚性墙或刚性圆柱面,模拟实验室试验中的薄膜。这种堆叠的方法是对现有边界(尤其是圆柱面)模拟方法的重要改进,是一个重要的创新点。下面对用堆叠墙或堆叠圆柱面模拟薄膜以及通过这种方法来施加薄膜围压作一介绍。

边界条件对颗粒材料的细观力学特性和破坏机理具有重要影响。无论对现场试验、实验室模型试验还是数值模拟计算试验,边界条件都至关重要。在实验室平面应变试验中,树脂薄膜是试验的一个重要边界条件,它对试样的应力应变及体积变化特性影响巨大,特别是对试样的细观结构和细观力学变化具有重要影响。因此,在数值方法中对树脂薄膜的正确模拟,能够使其更加接近实验室行为,成为数值模拟成功与否的一个关键因素,这对宏观应力—应变—体积变化特性及对细观的结构变化及细观力学特性的研究极为重要。

原有的室内模型试验边界条件的数值模拟方法主要有刚性墙边界法、循环边界法以及柔性边界法等,不同试验的模拟需要选择不同的边界条件。刚性墙是最常用也是最简单的边界条件(Rothenburg and Bathurst,1992;Kuhn,1999;O'Sullivan et al.,2003),使用刚性墙边界能较好地模拟直剪试验或简单的剪切试验,但是刚性墙边界与平面应变试验和三轴压缩试验中的薄膜性质相差较远。Campbell 和 Brennen(1985)提出了循环边界条件的算法,这种边界条件在一些研究中(Jensen et al.,1999;Ng,2001;Kruyt and Rothenburg,2006)被采用。循环边界法中,颗粒从试样一个侧面溢出,再重新出现在该模型边界的相对面。这种方法的边界被看作是无限的,从而可以认为消除了边界面的影响。但循环边界法的一个不容忽视的缺点是不能体现试样在边界处的破坏形式,如平面应变试验的剪切带破坏。近几年,一些学者(Bardet,1993;Iwashita and Oda,2000;Ni et al.,2015;Evans,2005)提出了柔性边界法。该方法通过数值伺服机制不断调整模拟薄膜颗粒的速度,从而保证试验设定的围压值。例如,Evans(2005)采用成串粘结起来的颗粒来模拟薄膜,并且给这些颗粒赋予一定速度,通过伺服控制这些粘结起来颗粒的速度来模拟薄膜围压。柔性模拟界面比较接近实验室薄膜的行为,它可以表现试样的变形、局部应变及试样的细观结构变化(Evans and Frost,2007)。但这种方法因为增加了模拟边界的颗粒,所以计算量增大,另一方面,这种方法的三维应用比较复杂。

　　平面应变试验与三轴压缩试验在破坏时的边界和内部细观结构有很大的不同,所以准确对室内试验中的薄膜进行模拟非常重要。平面应变试样的破坏一般通过局部过大变形或应变(即剪切带)发生,而三轴压缩试验的破坏变形更多为相对均匀的鼓胀型变形(Lee,1970;Peric et al.,1992),试样中可观察到小的扇形局部应变区(Batiste et al.,2004)。在平面应变试验中,因为薄膜为平面,所以用柔性边界条件法可以很好地模拟平面应变试验的加载。但是在三轴压缩试验中,薄膜为圆柱面,当模型发生变形时,圆柱面薄膜变大。当采用成串的颗粒来模拟薄膜时,薄膜扩大需要增加串中的颗粒,加载过程中实时增加串中的颗粒比较困难。考虑到这种情况,柔性边界条件颗粒串的方法不太适用。因离散元数值模拟中,墙与墙之间没有相互作用,笔者提出了用一系列堆叠墙(平面应变试验)或一系列堆叠圆柱面(三轴压缩试验)来模拟薄膜的方法。这种方法中,堆叠墙中的每个墙相对独立,变形或移动不受其他墙的影响。围压的加载通过改变每个墙的速度,由伺服机制控制实现,墙的速度根据与墙接触的颗粒的数量、接触面的刚度和当前时间步计算得到。这种方法不仅具有柔性边界条件的优点,与柔性边界条件法相比还可以节约计算时间。该方法的特点在于堆叠墙中每个墙独立运动,可以反映出试样的变形情况,而且这种方法对试样内部的细观结构影响不大,可以正确反映试样内部如局部剪切变形、颗粒运动等细观变化。另外,与其他柔性方法如柔性联结颗粒法和边界区域颗粒法相比,本方法避免了柔性联结颗粒法和边界区域颗粒法中增加颗粒数量从而增加计算时间的问题。另外,因为对墙的计算相对于对颗粒的计算简单很多,因此这个方法相对简单,容易实现。图 3.2 是采用堆叠墙来模拟薄膜约束颗粒的放大图。

图 3.2　采用堆叠墙模拟薄膜约束颗粒放大图

3.3.3 数值模型参数的确定

3.3.3.1 参数的选择

在进行数值模拟过程中,模型参数的选择至关重要。数值模型的一些参数(如试样大小)可以由研究者自己确定,一些细观参数(如颗粒摩擦系数)可以在实验室测得,但是有一些参数是无法或很难通过试验确定(如细观结构相互作用的参数)。正确合理的参数选择是保证数值模拟结果的正确性和准确性的前提。数值模拟参数的选择影响因素很多,但是最重要的有三点:研究的问题、模拟方法、模型尺寸。首先,不同的问题应该采用不同的模型参数。比如对两个不同的问题,一个是模拟实验室三轴试验,另一个是模拟大坝,这两个模型的参数如模型尺寸大小、颗粒数目都应该不一样。其次,不同的数值模拟方法选用的参数不同。对于连续介质模拟方法,大部分的材料参数比如模量、强度等,都可以从实验室测得(Potyondy and Cundall, 2004)。但是离散元单元法的一些参数,如质量、密度等会因为考虑计算机的计算量和计算时间而进行比例增加。第三,模拟维度(二维或三维)也会影响到参数的选取。比如,因为二维模型与三维模型的渗流阈值不同,三维模型的孔隙比通常在 0.35 左右(Thornton, 2000; O'Sullivan et al., 2003),而二维模型的孔隙比一般在 0.15 左右(Masson and Martinez, 2001; Bagi, 2003)。考虑到数值参数选取影响因素的多样性,参数选取的最终目的是要使数值模拟的结果能与原位试验或者室内试验的结果尽量一致。

在使用离散元进行数值模拟分析的过程中,所有需要输入的参数都需根据它对模拟结果的影响程度而慎重选择。针对特定的问题进行模拟时,首先要确定模型的大小和颗粒数目。其次为颗粒性质的选择,对模型的宏观以及细观特性起控制作用或有重要影响的参数,比如颗粒刚度和颗粒的摩擦系数等,应尽量采用室内试验以及原位试验等可以测得的真实值。而其他一些对数值模拟结果影响不大的参数,可以根据计算量或其他因素而进行等比例地扩大或缩小。比如,在对静态加载问题的模拟过程中,经常通过调整颗粒的质量或密度来控制时间步长(Thornton, 2000; Evans, 2005),从而使计算时间控制在合理范围内。总之,参数选择的方法和影响因素很多,参数选择的主要原则就是尽量使数值模拟的结果在宏观和细观上都能与原位试验或室内试验的结果相一致。

3.3.3.2 颗粒密度和质量调整

无论是在有限单元法还是离散单元法的数值模拟中选择参数,都经常通过质量的调整改变计算时间。在使用有限单元法时,考虑到该方法本身的收敛问题,在对瞬变现象或者慢速进程的问题进行模拟时,采用显式积分是一种有效的计算方法。研究发现,合适的质量调整不会对整个模型的性质和结果产生很大影响,但通过改变质量,可以使模拟在合理的时间内完成而避免过长的计算时间。一些学者专门研究了在有限元中模型质量对模拟结果的影响(Alves and Oshiro, 2006; Olovsson et al., 2004; Olovsson et al., 2005)。

在离散单元法模拟中,可以通过等比例调整参数来改变系统求解的最大稳定时间、解的稳定以及进行模拟的运算量或计算时间。

Thornton (2000)对颗粒介质的偏向剪切变形过程进行了模拟。在这些模拟中,颗粒的平均直径为 0.258 mm,名义密度为 2 650 kg/m^3。根据瑞利波速度计算方法,颗粒直径为 1 mm 时,时间步为 1 μs。为了确保是准静态变形,应变率不能大于 10^{-5}/s,所以要达到 10％的应变需要经过 10^{10} 步。为了缩短计算时间,Thornton 将名义颗粒密度比例扩大 10^{12} 倍从而将时间步提高到 1 s。研究发现,扩大密度使得颗粒的速度和加速度得到了同比例的减小(10^{12} 倍),但是力和位移以及与之相关的应力和应变没有受到较大影响。而速度和加速度的变化在对准静态过程的模拟中并不是关心的重点。

O'Sullivan 和 Bray (2002)研究了在离散元中用中心差分时间积分的方法来选择合适的时间步。他们认为,在使用离散元分析岩土工程时,调整质量和密度主要会带来惯性力的改变,而准静态问题对模型惯性的敏感度比较小,所以可以通过等比例调整质量和密度来放宽时间步长。需要注意的是,当高频率响应比较重要时,不推荐使用调整质量的方法。O'Sullivan 等(2003)提出了一种计算颗粒介质应变的新方法,并且进行了一系列的数值模拟。在他的数值模拟中,使用了半径为 4 mm、5 mm、6 mm 的颗粒,颗粒密度被扩大到 2×10^8 kg/m^3。

Cui 和 O'Sullivan (2006)在研究理想颗粒材料直剪试验的宏观和细观性状时,也采用了扩大密度来减少模拟计算时间的方法。该研究中,如果不采用扩大颗粒密度的方法,模拟的时间会增加 10^4 倍。但是他们发现,模拟结果的试样刚度比实际物理测试要高得多,这与室内试验的结果大不相同。造成这一现象的原因可能是密度扩大使得数值模拟的应力比[施加应力与颗粒重量的比值(根据颗粒半径的平方规格化)]比实际试验要大得多。所以,模拟过程中正应力的大小也相对室内试验进行了相应的扩大。在他们的模拟中,正应力为 50 MPa、100 MPa、150 MPa,而在实际中这么大的应力足以把试样压碎。

Jung 等(2006)用离散元模拟了颗粒土在三轴压缩条件下结构各向异性的发展变化过程。在他们的模拟中,颗粒半径约 0.3 mm,为了减少计算时间,颗粒密度被扩大到 8×10^{18} kg/m^3。

Ng (2006)分析了离散元法中阻尼、时间步、颗粒质量、剪切模量等参数。在研究颗粒质量对数值模拟结果时,采用了三个密度参数:基准密度 ρ_b,缩小密度 0.1 ρ_b,扩大密度 10 ρ_b。研究发现,不同密度下的应力应变曲线、体积变化、峰值摩擦角以及最后的摩擦角基本一致。所以认为密度和质量的调整不会对模拟的结果产生很大影响。

也有一些学者通过扩大试样尺寸和放大颗粒的方法来扩大颗粒质量。Iwashita 和 Oda (2001)通过改进的离散元对二维的平面应变试验进行模拟。模型尺寸为 85 cm×185 cm,颗粒直径为 4～6 mm。Evans (2005)用 PFC2D 模拟平面应变试验,他通过将模型尺寸扩大为 12 m×6 m,颗粒半径为 0.03～0.07 m,增加了时间步长。

Zeghal 和 Shamy (2004)在离散元模拟中采用了与扩大质量或密度相似的方法——扩大重力加速度。结果表明扩大重力加速度同样不会对模拟的结果产生影响,但可以减少计算时间。

Tu 和 Andrade (2008)研究了颗粒力学计算中静力平衡的标准。研究发现,当密度扩大系数太大时,最后的模拟结果与实际情况相差较大。而如果选用合理的扩大系数,模拟结果与没有采用扩大系数的模拟结果相似。

总之,当颗粒的密度或是质量被扩大时,系统的惯性反应会放缓,也就是固定的荷载作用下颗粒加速需要更多的时间,所以颗粒的密度或质量的增加会影响系统的动态性能,放缓系统的响应。但是力和位移、应力和应变并没有受到很大影响,而在准静态模拟中,速度和加速度的减小并不是关心的重点。综上所述,扩大密度和质量是减少计算时间同时又不会对模拟结果产生很大改变的一个有效方法。

3.3.4　模型特性

基于前面介绍的扩大质量法的优点,研究中可以采用扩大质量法来减少计算时间。这与准静态问题模拟时采用的扩大密度法(Thornton,2000)和扩大重力法(Zeghal and Shamy,2004)类似。增加颗粒质量(改变颗粒大小、密度或重力),稳定时间步长会大幅增加。如果采用 0.1 的安全系数则可以使内部计算稳定的时间步减小一个数量级,这与 O'Sullivan 和 Bray (2004)的建议值相一致。O'Sullivan 和 Bray 认为在采用三维球形颗粒进行数值模拟的过程中,应该采用一个 0.17 的安全系数(而不是 PFC3D 的默认值 0.8)。在采用非球形颗粒进行模拟时,因为配位数的增加,这一安全系数还需要进一步减少。Ng(2006)认为,当安全系数低于 0.2 时,进一步减小安全系数模拟结果不会有较大变化。

大量研究发现,在使用圆形颗粒(2D)或球形颗粒(3D)进行离散元分析时,会因为颗粒的过度旋转而导致材料的行为特性和实际情况不一致。对这一问题的解决方法很多。Powire 等(2005)将基本颗粒粘结成复杂的几何形状,从而抑制颗粒旋转。Oda 和 Iwashita(2000)对这一问题力学基础进行经验修正,人为地限制颗粒旋转。事实上,PFC3D 内置提供的"颗粒块方法"可以通过结合两个或者多个球颗粒来形成任何形状的颗粒块,每个颗粒块都是独立的个体。每个颗粒块作为一个刚体,且被视为与一般形状的颗粒同样的"超颗粒"。这种方法相较于粘结颗粒法省去了颗粒块间接触的计算量,从而大大节省了计算时间。研究中,可以把两个完全同样的球颗粒通过重叠,生成一个颗粒块,颗粒块的形状可以用形状比或长宽比(aspect ratio)来描述,比如,如果两个球颗粒正好重叠一半直径,形状比则为 1.5:1。因此可以用 30 000 个球组合生成 15 000 个颗粒。Ni 等(2000)曾提出,在离散元模拟中,当颗粒数超过 15 000 时,再增加颗粒数目并不会对模拟结果产生较大的影响,但是计算时间会大大增加。

选取的模型参数可与通常级配均匀且干净的石英砂(Ottawa 砂)的物理性质对应一致。研究所采用的参数见表 3.1,相对于平均粒径的(d_{50})模型尺寸见表 3.2。

表 3.1　数值模型材料参数和模型参数

参数	荷载条件			室内试验所测值	参考文献
	PS	CTC	DS		
颗粒法向刚度（N/m）	10^8	10^8	10^8	4×10^6*	(Santamarina et al., 2001)
颗粒切向刚度（N/m）	10^7	10^7	10^7	—	—
颗粒摩擦系数	0.31	0.31	0.31	0.31	(Proctor and Barton, 1974)
颗粒比重	2.6	2.6	2.6	2.65	(Yang, 2002)
颗粒宽高比	1.5:1	1.5:1	1.5:1	—	—

续表 3.1

参数	荷载条件			室内试验所测值	参考文献
	PS	CTC	DS		
加载板刚度(N/m)	10^8	10^8	10^8	—	—
薄膜刚度(N/m)	10^8	10^8	10^8	500	(Frost, 1989)
加载板/薄膜摩擦系数	0	0	0	—	—
颗粒数**	~18 600	~16 900	~15 600	—	—
时间步安全系数	0.1	0.1	0.1	—	—
应变速度(% s^1)	0.6	0.6	0.6	—	—

* 粗糙石英砂小应变时采用 Hertz-Mindlin 理论的计算值。
** 准确数据由样本孔隙比决定。

表 3.2　相对于平均粒径 d_{50} 的模型尺寸

	高/d_{50}	宽/d_{50}	深/d_{50}
平面应变	56	16	32
三轴压缩	52	26	26
直剪	22	33	33

3.4　参数分析

在进行数值模拟过程中,参数的选择要尽量使得模型的宏细观性能与室内试验或原位试验相一致。为此,需要进行一系列参数分析。这里以孔隙比为 0.47 左右的密实试样,在低围压或者低竖向荷载(75 kPa)情况下进行参数分析。在分析某一参数时,其他参数保持不变。相关参数分为两类:模型参数和物理参数。对模型参数和物理参数,定量分析特定参数对试样宏观性能的影响。

3.4.1　模型参数分析

模型参数分析包括安全系数影响分析和剪切速度参数分析。

安全系数是控制时间步的参数,而时间步在前面的章节中曾经讨论过,是离散单元法数值模拟的关键参数。O'Sullivan 和 Bray(2004)认为,时间步受很多因素影响,比如颗粒运动条件(平移、转动或平移加转动)、颗粒排列方式、模型的维度(2D 或 3D)、颗粒级配、颗粒形状等。他们建议三维模型中采用球形颗粒时安全系数应取 0.17(与 PFC3D 默认值 0.8不同),采用非球形颗粒时,因为配位数增加,安全系数应该进一步减小。

现采用四个不同的安全系数进行数值模拟分析:0.5、0.2、0.1 和 0.05,其他参数保持不变,模拟的结果见图 3.3。对于平面应变试验和三轴压缩试验,当安全系数较大时,最大偏应力对应的轴应变较大,当安全系数较小时,最大偏应力对应的轴应变较小。安全系数越低时,体积应变越小,但是这一差别并不明显。对于直剪试验,选择不同的安全系数时,应力应变曲线和体积应变曲线都没有较大差别。Ng（2006）认为，当安全系数低于 0.2 时，数值模拟的结果不会有较大出入。这一结论与图 3.3 显示的结果相吻合，当安全系数为0.2 和 0.5 时，模拟结果相差较大。但是当安全系数低于 0.2 时，模拟的结果没有很明显的差别。基于 O'Sullivan 和 Bray（2004）与 Ng（2006）的结论，以及考虑到计算时间，安全系数可以取 0.1。

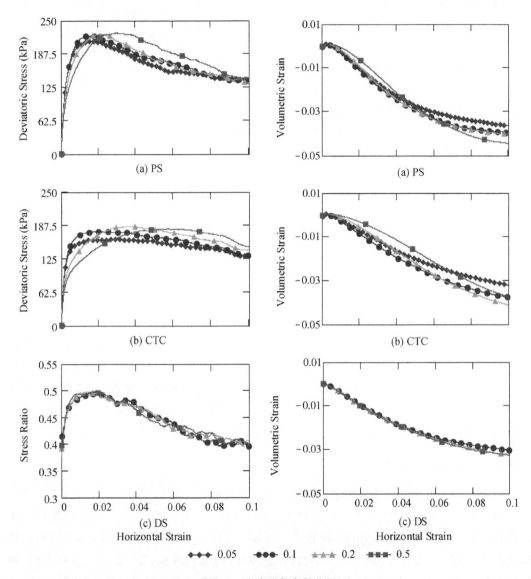

(a) PS

(b) CTC

(c) DS
Horizontal Strain

◆◆◆ 0.05   ●●● 0.1   ▲▲▲ 0.2   ■■■ 0.5

图 3.3 安全系数参数分析

在离散元分析中，剪切速度是另一个影响数值模拟稳定性的因素。如果剪切速度过大，加载板附近的颗粒会受到巨大扰动，导致这些颗粒产生较大的速度。无论是过大的扰动还是过大的加载边界处颗粒速度，都有可能违反离散元基本原理或是模型假设情况。比如，在时间步的算法中假定每一个时间步内颗粒的速度和加速度是不变的，并且在一个时

3 数 值 模 型

间步内扰动不可以传递到与之相邻颗粒以外的颗粒。为了遵循时间步算法的假定,当加载边界处颗粒速度很大时,就要求时间步非常小,但是较小的时间步会引起计算时间大幅增加。另外,如果加载边界颗粒速度过大,准静态假设也不成立。考虑到这些因素,为保证模拟的稳定性和有效性,必须选择合理的剪切速度。根据经验采用三个不同的剪切速度对三个试验进行模拟,模拟结果见图3.4。从图中可以看出,剪切速度越小,平面应变试验和三轴压缩试验最大偏应力越小,直剪试验应力比越小。事实上,剪切速度对模拟结果的影响与安全系数相似,剪切速度较低会减少时间步长并导致最大偏应力减小。但是,剪切速度对体积应变没有较大影响。研究中,剪切速度取为剪切方向试样尺寸的0.57%,从图3.4可以看出当剪切速度低于该值时,不会对模拟的结果产生较大影响。所以,可以认为取值合理,不会影响结果。

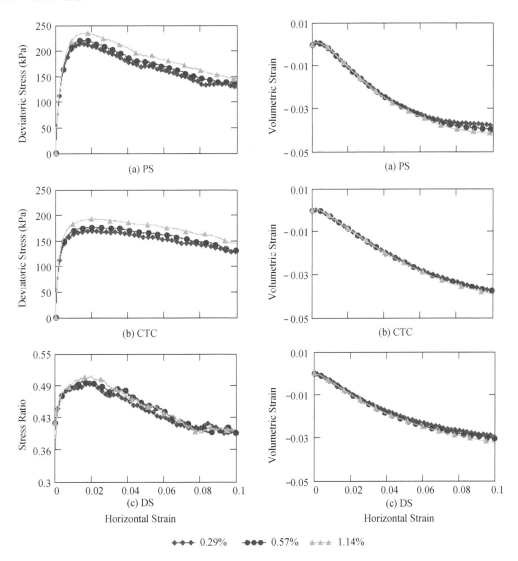

图 3.4 剪切速度参数分析

29

3.4.2 物理参数分析

本节对三个物理参数进行了分析。第一个考虑的物理参数是颗粒的摩擦系数,选用三个不同的颗粒摩擦系数,其中一个取自试验结果(Proctor and Barton,1974),并以此为基准值,另外两个值分别低于和高于此基准值,三种不同颗粒摩擦系数的模拟结果如图 3.5 所示。从图中可以看出,摩擦系数越大,平面应变试验和三轴压缩试验最大偏应力越大,直剪试验应力比越大。且摩擦系数越大,达到峰值强度后软化程度越高,剪切时体积膨胀越大。摩擦系数较大时会约束颗粒间的滑动和旋转,一方面提高了强度,另一方面增强了颗粒与周围颗粒的相互作用,从而引起更大的体积膨胀。

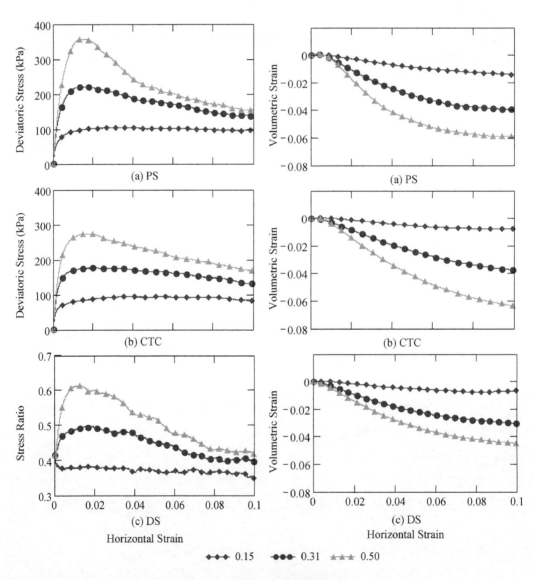

图 3.5 颗粒摩擦系数参数分析

第二个考虑的物理参数是颗粒刚度。与对摩擦系数的分析相似,采用一个基准值,以及两个分别低于和高于基准值的值。模拟的结果见图3.6。结果表明,颗粒刚度越大,初始切线模量越大,直剪试验的应力比有所增加。但是平面应变试验和三轴压缩试验的最大偏应力变化不大,这也许是因为选择的颗粒刚度差距还不够大。颗粒刚度越大,体积膨胀量越大。对于不同颗粒刚度,大应变时的强度基本接近。

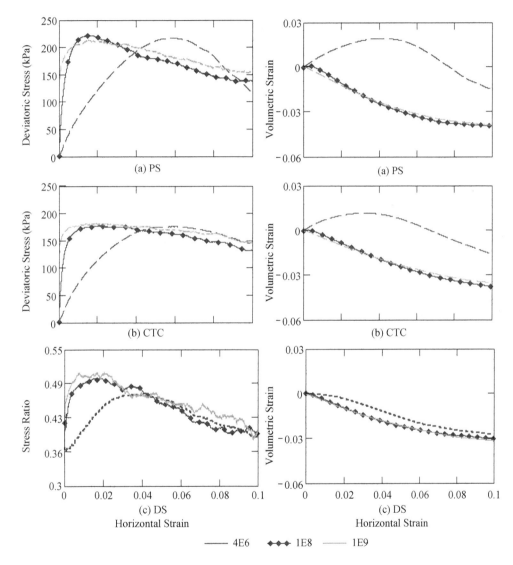

图 3.6　颗粒刚度参数分析

最后一个考虑的物理参数是颗粒形状。前面提到过,采用两个球重叠而成的块颗粒,宽高比为1.5:1。再选择两个宽高比为1.25:1和1.75:1的颗粒进行参数分析。模拟的结果如图3.7所示。结果表明,颗粒宽高比越大,峰值强度越大,峰值后软化程度也越高。这一性质与颗粒摩擦系数对模型的影响相似。与颗粒摩擦系数不同的是,颗粒宽高比越大模型膨胀量越小,而颗粒摩擦系数越大,体积膨胀量也越大。

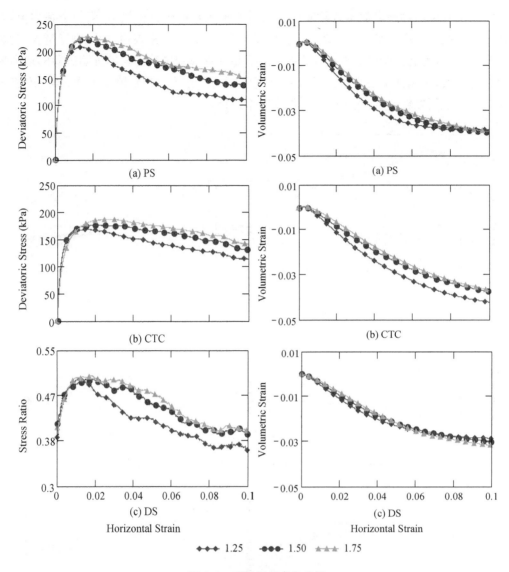

图 3.7　颗粒形状参数分析

3.5　总结

　　本章首先介绍了离散单元法的原理,并以这些原理为基础,说明了不同试验(平面应变、三轴压缩和直剪试验)模型建立的方法。提出了一种用堆叠墙来模拟薄膜的新方法。讨论了通过质量/密度扩大来改变时间步长的方法。以上述讨论为基础,确定了数值模型的特性。最后,进行了参数分析研究,分别对模型参数和物理参数进行分析,定性研究了不同参数对试样宏观行为特性的影响。

4 不同荷载条件试样宏观特性分析

4.1 简介

关于平面应变、三轴压缩以及直剪条件下颗粒材料的宏观性能,很多学者已经进行了大量的研究工作,但是对不同荷载条件下试样的细观结构和细观力学,以及这些细观结构如何控制和影响试样的宏观行为特性的研究相对较少,尤其对土体非本构关系破坏(如局部应变过大)的研究更为缺乏。虽然一些学者对不同荷载应力条件下的强度参数关系进行了研究,但这些研究大都基于试验数据或经验关系,对不同应力条件下强度参数关系基本理论的研究还远不充分,也没有普遍认可的计算方法。因此,建立可以准确反映试样宏观行为特性的数值模型,对细观结构和细观力学进行分析,以及从细观角度对试样的宏观行为特性进行解释具有重要意义。

之前有学者采用离散单元法对颗粒材料在平面应变条件(O'Sullivan and Bray,2004;Powrie et al. ,2005;Evans and Zhao,2008)、三轴压缩条件(Thornton,2000;Cui et al. ,2007;Evans and Zhao,2008)以及直剪条件(Ni et al. ,2000;Cui and O'Sullivan,2006)等特定荷载条件下的特性进行了数值模拟。但是这些研究大都只考虑一种荷载条件,而对不同荷载条件下材料行为特性影响的研究相对较少。离散元对这些影响因素的分析,特别是从细观角度分析的优势还没有充分发挥。另外,由于已有不同荷载条件试样对宏观性能的试验研究成果,可以通过这些研究结果来验证离散元分析结果的正确性。

本节对三种常见荷载条件(平面应变、三轴压缩和直剪)的颗粒材料试样进行数值模拟分析。采用已经经过试验验证的本构关系,对不同荷载条件下试样的小应变弹性响应、屈服特性、峰值强度以及临界状态等行为特性进行分析研究。结果表明,离散元数值模拟可以很好地再现室内试验试样的宏观特性,因此可以通过离散元数值模拟研究不同的孔隙比、不同围压以及不同加载路径下的试样的宏细观行为特性。

4.2 数值模型特性

大部分的模型性质已经在第 3 章进行了讨论。模型颗粒与级配均匀干净的石英砂(Ottawa 砂)的物理性质基本一致。采用扩大颗粒质量法来减少计算时间,采用宽高比为

1.5:1 的块颗粒代替圆形球颗粒,取 0.1 的安全系数来保证模型计算的稳定性,剪切速度大约为模型加载方向尺寸的 0.58%。用一系列堆叠平面墙或圆柱墙来模拟实验室的薄膜。

模型参数和物理参数选定以后,还有两个试验参数对试样性能至关重要:孔隙比和围压(或直剪试验中的竖向荷载)。这两个参数对试样的应力—应变—强度—体积变化特性影响很大。本书分别选用"松散"($e_0 \approx 0.67$)、"中密"($e_0 \approx 0.54$)、"密实"($e_0 \approx 0.47$)三种不同密实度的试样,每种试样分别施加"低"($\sigma'_3 = 75$ kPa)、"中"($\sigma'_3 = 150$ kPa)、"高"($\sigma'_3 = 450$ kPa)三种不同的围压(或竖向荷载)。需要注意的是,因为在数值模拟中很难准确设定试样孔隙比的界限,所以松散、中密以及密实都是相对而言。以 Ottawa 砂作为参考,其最小孔隙比和最大孔隙比分别为 0.502 和 0.742(Yang,2002),这与其他级配均匀干净的石英砂一致。如上一章所述,通过在生成试样时设定不同的颗粒间摩擦系数来控制试样孔隙比,但在试样初始平衡之后固结之前,试样的摩擦系数设为最终正常值。

4.3　试验名称和坐标系定义

本节中,数值模拟试验名称由四部分组成。第一部分表示模型的加载条件,即平面应变条件(PS)、三轴压缩条件(CTC)和直剪条件(DS);第二部分表示试样的密度,"D(Dense)"、"M(Medium)"、"L(Loose)"分别代表密实、中密、松散试样;第三部分表示围压或竖向压力大小,包括"75"、"150"、"450"三种围压值,单位为 kPa,分别代表低、中、高围压/荷载;第四个部分表示试样的应变状态,比如,"00"表示试样在剪切之前的初始状态,"10"表示在平面应变和三轴压缩试验中试样达到 10% 的轴应力的状态,或是直剪试验中试样达到 10% 水平位移的状态。这样,通过模拟名称可以看出试样的荷载条件、密实程度、围压大小和应变状态,如"PS-D75-10",表示密实平面应变试样在围压为 75 kPa 的试验中达到轴应变 10% 的状态。本节所进行的模拟如表 4.1 所示。

表 4.1　模拟模型

PS-D75	PS-M75	PS-L75	PS-D150	PS-M150	PS-L150	PS-D450	PS-M450	PS-L450
CTC-D75	CTC-M75	CTC-L75	CTC-D150	CTC-M150	CTC-L150	CTC-D450	CTC-M450	CTC-L450
DS-D75	DS-M75	DS-L75	DS-D150	DS-M150	DS-L150	DS-D450	DS-M450	DS-L450

三种荷载条件下模型坐标系的定义如图 4.1 所示,剪切方向、主应力方向以及变形方向通过坐标系确定。

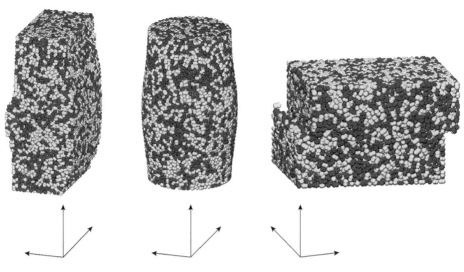

图 4.1 模型坐标系定义

4.4 数值模拟试验结果

模拟了 9 组平面应变试验、9 组三轴压缩试验和 9 组直剪试验来研究不同荷载条件、不同围压、不同初始孔隙比时试验在不同应变状态的宏细观行为特性。对于平面应变和三轴压缩模拟试验,偏应力和平均应力根据剑桥方法定义为

$$q = \frac{1}{\sqrt{2}} \left[(\sigma'_1 - \sigma'_2)^2 + (\sigma'_1 - \sigma'_3)^2 + (\sigma'_3 - \sigma'_2)^2 \right]^{\frac{1}{2}} \tag{4.1}$$

$$p' = \frac{1}{3} (\sigma'_1 + \sigma'_2 + \sigma'_3) \tag{4.2}$$

式中,q 为偏应力,p' 为平均应力,σ'_1、σ'_2、σ'_3 分别为第一、第二、第三主应力(受压为正)。对于直剪试验,应力比是水平面上剪应力和竖向正应力的比值。图 4.2、图 4.3 和图 4.4 分别是平面应变、三轴压缩和直剪数值模拟试验中偏应力或应力比以及体积应变与轴应变(ε_1)的关系曲线。图 4.5、图 4.6 和图 4.7 为平面应变、三轴压缩和直剪条件下摩擦角与膨胀角跟轴应变的关系曲线。数值模拟结果的部分主要数据在表 4.2 中列出。

表 4.2 初始条件和部分主要试验结果

试验名称	初始孔隙比	峰值应力时应变(m/m)*			应力峰值(应力比峰值)[kPa (kPa/kPa)]**			峰值摩擦角(°)			临界摩擦角(°)		
		PS	CTC	DS	PS	CTC	DS	PS	CTC	DS	PS	CTC	DS
L75	0.67	0.088	0.079	0.09	127.6	116	0.387	29.4	25.8	21.2	29.0	25.0	20.1
M75	0.54	0.017	0.021	0.015	221.1	177.3	0.497	38.7	32.6	26.4	30.7	27.8	21.6

续表 4.2

试验名称	初始孔隙比	峰值应力时应变(m/m)*			应力峰值(应力比峰值)[kPa(kPa/kPa)]**			峰值摩擦角(°)			临界摩擦角(°)		
		PS	CTC	DS	PS	CTC	DS	PS	CTC	DS	PS	CTC	DS
D75	0.47	0.012	0.015	0.008	338.9	252.9	0.573	45.9	38.7	29.8	30.3	30.5	21.3
L150	0.67	0.085	0.084	0.039	241.1	221.4	0.381	28.5	25.1	20.9	28.3	24.3	20.5
M150	0.54	0.019	0.023	0.02	425.2	323.3	0.494	38.0	31.6	26.3	29.3	27.5	22
D150	0.47	0.018	0.02	0.013	625.2	485.4	0.587	44.6	38.1	30.4	28.6	30.0	20.5
L450	0.67	0.086	0.084	0.09	679.4	609.1	0.378	27.5	23.8	20.7	27.0	23.2	20.6
M450	0.54	0.029	0.038	0.025	1 193	924.1	0.473	36.8	30.4	25.3	28.8	26.7	21.3
D450	0.47	0.028	0.031	0.017	1 727	1 337	0.552	43.2	36.7	28.9	28.5	29.5	20.1

＊：平面应变试验和三轴压缩试验为轴向应变，直剪试验为水平应变。
＊＊：平面应变试验和三轴压缩试验为峰值偏应力，直剪试验为峰值应力比。

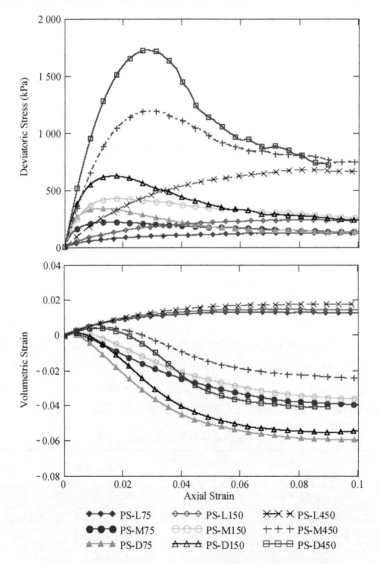

图 4.2　平面应变试验偏应力和体积应变与轴应变的关系

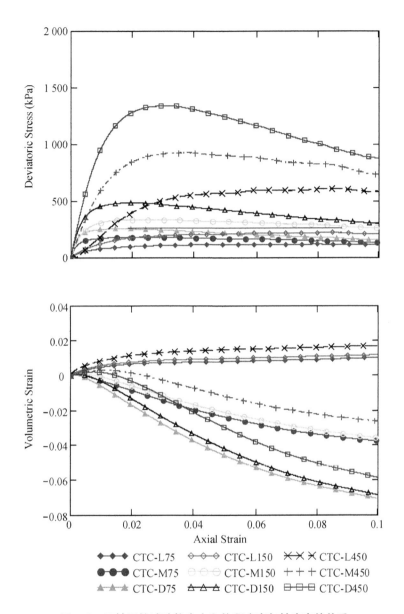

图 4.3　三轴压缩试验偏应力和体积应变与轴应变的关系

　　从图 4.2 到图 4.4 可以看出,密实试样具有明显的偏应力峰值或应力比峰值,且试样具有剪胀性,而松散试样没有明显的偏应力峰值或应力比峰值。这一结论与颗粒土的室内试验结果相一致(Cornforth,1964;Lee,1970)。图中显示,中密试样和密实试样在轴应变达到 10% 时还没有完全达到临界状态,虽然进一步施加荷载可以达到真正的临界状态,但是考虑到模拟时间,在轴应变达到 10% 时终止了试验。

　　从表 4.2 可知,当试样具有明显的偏应力峰值时,平面应变试验达到偏应力峰值时对应的轴应变比三轴压缩试验小。这一结论与 Cornforth(1964)和 Lee(1970)的结论相一致。

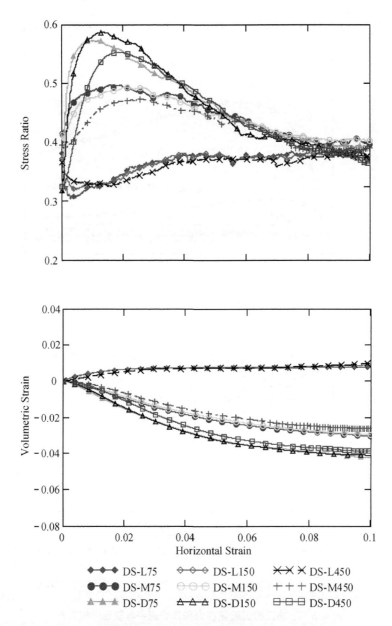

图 4.4 直剪试验偏应力和体积应变与水平应变的关系

比较图 4.2 和图 4.3 可知,平面应变试验中密实试样的应变软化现象比三轴压缩试验更为明显,这与 Peric 等(1992)的理论分析以及 Hettler 和 Vardoulakis (1984)的试验结果相一致。他们认为,对于三轴压缩条件,试样的应变软化主要受试样的不均匀性与加压板底部(摩擦约束)的影响,而与材料固有属性无关。本节中,所有的平面应变、三轴压缩、直剪试验,压板底部都设为光滑没有摩擦。在平面应变试验中,如果试样的破坏与剪切局部化同时发生,一般会出现明显的应变软化和体积变化,但在应变局部化形成后,软化和体积变化就会停止。

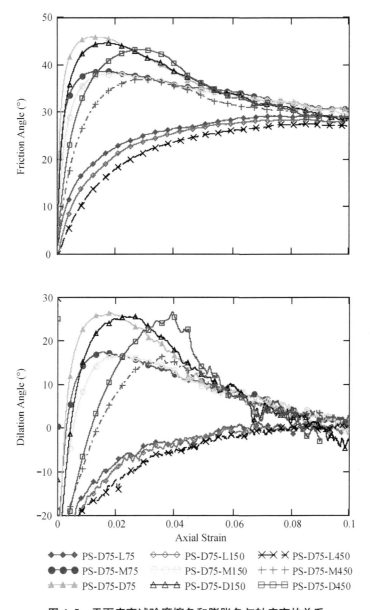

图 4.5　平面应变试验摩擦角和膨胀角与轴应变的关系

进一步分析表 4.2 以及图 4.2 和图 4.3 可以发现,平面应变试样强度比同样孔隙比和围压大小下的三轴压缩试样强度大。平面应变试验中峰值摩擦角比对应三轴压缩试验中的峰值摩擦角大 3.4°到 7.2°。这与 Lee(1970)的试验结果一致,Lee 通过试验发现,平面应变试验的内摩擦角与三轴压缩试验的内摩擦角差值可能高达 8°。表 4.2 中显示,直剪试验的峰值摩擦角比相应的平面应变和三轴压缩试验中的峰值摩擦角小。这与采用 Rowe(1969)提出的直剪和平面应变峰值强度关系理论进行分析的结果相一致。图 4.8 比较了平面应变、三轴压缩、直剪试验的峰值摩擦角和临界摩擦角。从图中可以看出,同样孔隙比和同样的围压的试样,在不同的荷载条件下,平面应变试验试样的峰值摩擦角最大,直剪试验

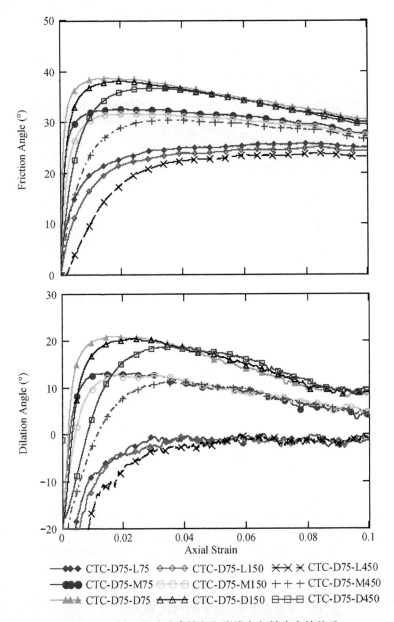

图 4.6　三轴压缩试验摩擦角和膨胀角与轴应变的关系

峰值摩擦角最小,三轴压缩试验居中。同样的荷载条件下,围压越大则峰值摩擦角越小,孔隙比越低峰值摩擦角越大。对临界摩擦角,仍然是平面应变试验试样的临界摩擦角最大,三轴压缩试验居中,直剪试验最小。但是,在相同的荷载条件下,围压和孔隙比对临界摩擦角的影响不大。这些结论与之前学者进行的理论研究、试验分析以及数值模拟的结果相一致。

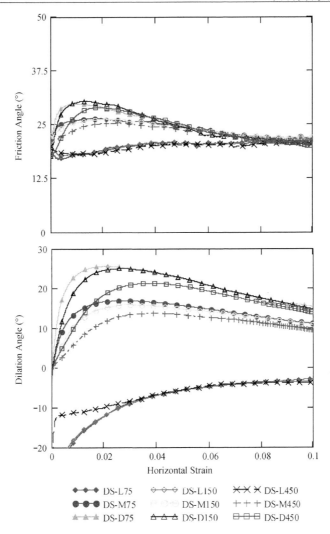

图 4.7　直剪试验摩擦角和膨胀角与水平应变的关系

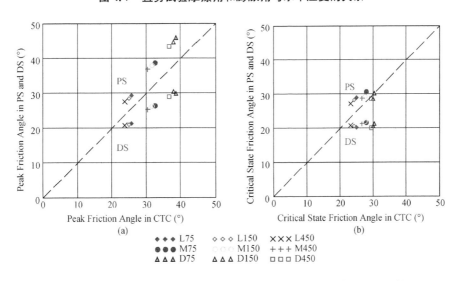

图 4.8　平面应变、三轴压缩、直剪试验(a)峰值、(b)临界摩擦角的比较

4.5 小应变力学特性

4.5.1 理想材料小应变特性

当土体应力或应变没有达到破坏条件,特别是应变很小时,通常把土体简化为线弹性材料。虽然实际上土体即使在小应变情况下也是非线性和非弹性的,但是通过简化的理想模型可以简单了解土的性能,从而对土的行为特性进行预测。Lee(1970)采用线弹性模型研究了三轴条件和平面应变条件的关系。

对理想各向同性弹性材料,三向主应变 ε_1, ε_2, ε_3 可通过以下公式得出:

$$\varepsilon_1 = \frac{1}{E}\big[\sigma_1 - \mu(\sigma_2 + \sigma_3)\big]$$

$$\varepsilon_2 = \frac{1}{E}\big[\sigma_2 - \mu(\sigma_1 + \sigma_3)\big] \tag{4.3}$$

$$\varepsilon_3 = \frac{1}{E}\big[\sigma_3 - \mu(\sigma_1 + \sigma_2)\big]$$

式中,E 是杨氏弹性模量,μ 是泊松比,σ_1, σ_2, σ_3 为三向主应力。

平面应变条件下,$\varepsilon_2 = 0$,由上面公式可以推导出第二主应力和第一、第三主应力之间的关系:

$$\sigma_2 = \mu(\sigma_1 + \sigma_3) \tag{4.4}$$

将式(4.4)代入式(4.3):

$$\varepsilon_{1p} = \frac{1-\mu^2}{E}\left(\sigma_1 - \sigma_3 \frac{\mu}{1-\mu}\right) \tag{4.5}$$

式(4.5)可以改写为:

$$\varepsilon_{1p} = \frac{1}{E_p}(\sigma_1 - \mu_p \sigma_3) \tag{4.6}$$

式中:

$$E_p = \frac{E}{1-\mu^2} \tag{4.7}$$

$$\mu_p = \frac{\mu}{1-\mu} \tag{4.8}$$

可以证明,平面应变条件下的 E_p 和 μ_p 与一维条件中的 E 和 μ 具有相同的物理意义,所以,它们被看作是平面应变条件下的等效弹性模量和等效泊松比。以下下标中的 p 和 t 分别代表平面应变条件和三轴压缩条件。

体积应变表达式为：

$$\upsilon = \varepsilon_1 + \varepsilon_2 + \varepsilon_3 \tag{4.9}$$

在三轴压缩试验中，$\varepsilon_2 = \varepsilon_3$ 且 $\varepsilon_2 = -\mu_t\varepsilon_1$。所以：

$$\upsilon_t = \varepsilon_1(1 - 2\mu_t) \tag{4.10}$$

在平面应变试验中，体积应变表达式：

$$\upsilon_p = \varepsilon_1(1 - \mu_p) = \varepsilon_1\left(\frac{1 - 2\mu_t}{1 - \mu_t}\right) \tag{4.11}$$

因此，平面应变条件和三轴压缩条件下土体性质参数关系可以表示为

$$\frac{E_p}{E_t} = \frac{1}{1 - \mu_t^2} \tag{4.12}$$

$$\frac{\upsilon_p}{\upsilon_t} = \frac{1}{1 - \mu_t} \tag{4.13}$$

大部分弹性材料泊松比在 0 到 0.5 之间，所以平面应变的 E_p，μ_p 和 υ_p 分别比相应的三轴压缩试验的 E_t，μ_t 和 υ_t 大，它们之间关系如表 4.3 所示。

表 4.3 平面应变和三轴压缩试验的小应变弹性参数对比

μ_t	μ_p	μ_p/μ_t	E_p/E_t	υ_p/υ_t
0.000	0.000		1.000	1.000
0.100	0.111	1.111	1.010	1.111
0.200	0.250	1.250	1.042	1.250
0.300	0.429	1.429	1.099	1.429
0.400	0.667	1.667	1.190	1.667
0.500	1.000	2.000	1.333	2.000

4.5.2 数值模拟结果

岩土工程的很多问题都可以认为是小应变问题，但是在平面应变和三轴压缩条件下颗粒材料的小应变行为特性有很大的不同。实际应用中常使用三轴压缩试验数据来模拟平面应变条件，很少考虑颗粒材料在小应变时的两种荷载条件下的差异。如果离散元模型的建立正确合理，模型可以准确模拟和反映颗粒材料在小应变时的行为，那么模拟结果应该符合式(4.12)和式(4.13)。需要指出的是，上面提到的土体小应变时的反应与基于波的理论和方法测得的材料刚度有关。但在本节中，材料的弹性模量由轴向应变较小时(0.08%)

计算得到,由于受荷后试样中的颗粒将发生微小的重分布,所以计算得到的这一弹性模量并不等于弹性模量真值。但在基于非波理论的室内试验和数值模拟中,所选的轴向应变需要考虑试验中的试样安置及材料的变形机理,所以这一轴向应变的大小应选择相对大一些。

根据三轴压缩模拟计算出的小应变时的弹性参数与平面应变模拟中测得的参数值比较见图 4.9 和图 4.10。从图中可以发现,根据三轴与平面应变关系理论计算所得的 E 和 μ 与数值模拟测量所得数据非常接近(靠近 1:1 线),也就是说,数值模型中试样的小应变反应基本符合连续线弹性理论。但是,从图 4.9 仍可以发现,根据三轴与平面应变关系理论计算所得的平面应变试样的杨氏模量比数值模拟中直接测得的值高,这说明即使是小变形的情况下,颗粒材料也并非完全的线弹性材料。一般认为,计算 Gmax 时线性应变的阈值为 $3 \times 10^{-4}\%$,而研究所取的 0.08% 远大于该值。另外,三轴压缩试样变形后不再是标准的直立圆柱,平面应变试样变形后也不是正交长方体。总之,从图 4.9 和图 4.10 可知,数值模拟结果与式(4.12)和式(4.13)所给的理论关系不完全一致,但三轴压缩和平面应变试样在小应变时的行为特性还是具有一定相关性。

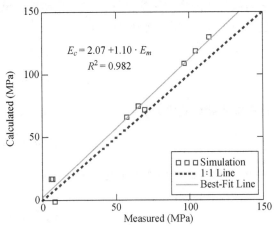

图 4.9 平面应变试样杨氏模量的实测值与计算值($\varepsilon_1 = 0.08\%$)

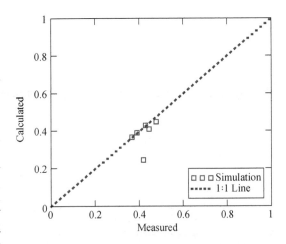

图 4.10 平面应变试样泊松比的实测值与计算值($\varepsilon_1 = 0.08\%$)

4.6 抗剪强度

岩土工程中的抗剪强度问题多为平面应变工程条件,但是由于三轴和直剪试验相比平面应变试验简单可行,很多工程师和学者们在进行平面应变问题的设计时仍采用三轴和直剪试验强度参数进行计算。因此,从三轴压缩和平面应变试验结果推导平面应变条件下的抗剪强度参数具有重要工程意义。事实上,之前已有很多学者进行了这方面的理论研究和试验分析。

Rowe (1962)根据材料受剪时能量的损耗和吸收,提出了偏应力荷载下颗粒材料体积膨胀和强度的关系。Rowe（1969）以该理论为基础，推导出直剪和平面应变条件下峰值强度的关系式：

$$\tan \phi'_{ds} = \tan \phi'_{ps} \cos \phi'_{cv} \qquad (4.14)$$

式中，ϕ'_{ds} 和 ϕ'_{ps} 分别是直剪和平面应变条件下的峰值摩擦角，ϕ'_{cv} 是体积不变状态（临界状态）下的摩擦角。根据平面应变试验数值模拟结果以及式（4.14）计算出的直剪试验的摩擦角与根据直剪试验数值模拟得到的摩擦角的关系如图4.11所示。从图4.11可以看出，数值模拟间接计算结果与数值模拟直接测量结果相差较大，这可能是由于 Rowe（1969）假设主应力方向与主应变增量方向一致，而实际情况并不符合这一假设。根据对直剪条件下试样的应力—应变增量莫尔圆的分析发现，达到峰值强度时，主应力方向与主应变增量方向并不一致，而离散元模拟分析却可以分析出这一复杂情况下的土体性质。

Bolton（1986）也提出了直剪和平面应变条件下试样峰值强度的关系式：

$$\tan \phi'_{ps} = \arctan(1.2\tan \phi'_{ds\,sec}) \qquad (4.15)$$

式中，$\phi'_{ds\,sec}$ 是直剪条件下峰值切线摩擦角，ϕ'_{ps} 是平面应变条件下峰值摩擦角。通过式（4.15）根据直剪试验数值模拟结果计算出的平面应变峰值摩擦角与根据平面应变数值模拟直接测得摩擦角的关系如图4.12所示。从图中可以看出，式（4.15）计算结果与数值模拟直接测量之间的比较关系与式（4.14）计算与测量推算结果的比较关系非常相似。

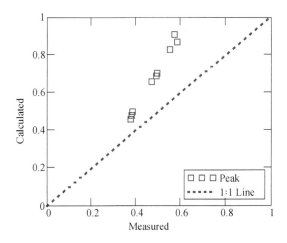

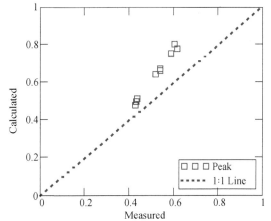

图 4.11 直剪试验摩擦角的数值模拟测量值和计算值［根据平面应变试验结果和式（4.14）］

图 4.12 平面应变试验摩擦角的数值模拟测量值和计算值［根据直剪试验结果和式（4.15）］

Hanna（2001）对砂土土样进行了一系列的平面应变试验和三轴压缩试验，研究平面应变和三轴压缩条件下砂土强度的关系。以 Rowe 的膨胀理论（假设主应力方向与应变增量方向一致）为基础，Hanna 提出了根据三轴压缩试验数据推算平面应变条件下抗剪角的计算公式：

$$\tan\phi'_{ps}\cos\phi'_{cv}=\frac{(KD-1)\sqrt{12D-3D^2}}{4KD-KD^2+3D} \tag{4.16}$$

式中，D 是膨胀系数，K 是材料参数，根据下式计算：

$$D=1-\frac{\mathrm{d}\upsilon}{\mathrm{d}\varepsilon_1} \tag{4.17}$$

$$K=\tan^2\left(45°+\frac{\phi'_{cv}}{2}\right) \tag{4.18}$$

式中，$\mathrm{d}\upsilon$ 和 $\mathrm{d}\varepsilon_1$ 分别是体积应变的塑性分量和轴应变。通过式(4.16)计算出的平面应变摩擦角和从平面应变数值模拟直接测得的摩擦角的关系如图4.13所示。从图中可以看出，式(4.16)的计算结果与数值模拟直接测得的数据基本一致。

Ramamurthy 和 Tokhi (1981)假设 $\sigma'_2/(\sigma'_1+\sigma'_3)$ 是常数(根据本节中的数值模拟结果，该值基本在 0.40 到 0.45 间的一个较窄范围内变化，所以认为该假设与数值模拟结果一致)，提出三轴压缩和平面应变抗剪强度关系式：

$$\frac{1}{\sin\phi'_{ctc}}=\frac{1}{\sin\phi'_{ps}}+\frac{2}{3}b \tag{4.19}$$

式中，$b=(\sigma'_2-\sigma'_3)/(\sigma'_1-\sigma'_3)$。通过式(4.19)计算出的摩擦角和数值模拟直接测得摩擦角的关系如图4.14所示。从图中可以看出，Ramamurthy 和 Tokhi 计算结果与离散元数值模拟结果非常一致。

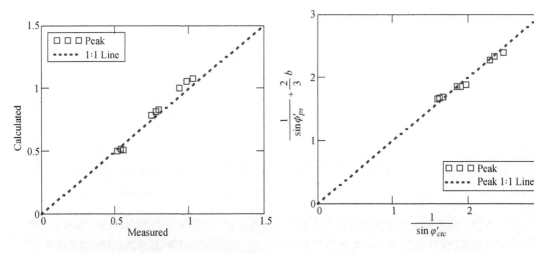

图 4.13　平面应变试样摩擦角数值模拟测量值和计算值[根据三轴压缩试验结果和式(4.16)]　　图 4.14　平面应变试样摩擦角数值模拟测量值和计算值[根据三轴压缩试验结果和式(4.19)]

4.7 体积变化

离散单元法数值模拟还可用于研究不同荷载条件对颗粒材料体积变化的影响。Tatsuoka (1987)以 Rowe (1969) 和 Wood (2004)的应力—膨胀关系为基础,根据模拟试验结果提出了不同荷载条件下膨胀角的计算公式:

$$\psi_{ps} = \arcsin\left(-\frac{d\varepsilon_1 + d\varepsilon_3}{d\varepsilon_1 - d\varepsilon_3}\right) \tag{4.20}$$

$$\psi_{ctc} = \arcsin\left(-\frac{d\varepsilon_1/2 + d\varepsilon_3}{d\varepsilon_1/2 - d\varepsilon_3}\right) \tag{4.21}$$

$$\psi_{ds} = \frac{d_v}{d_h} \tag{4.22}$$

式中,ψ 为膨胀角,$d\varepsilon_1$ 和 $d\varepsilon_3$ 分别为平面应变和三轴压缩条件下的第一主应变增量和第三主应变增量,d_v 和 d_h 分别为直剪试验中竖向位移和水平位移。密实、中密和松散试样在平面应变和三轴压缩条件下的膨胀角和摩擦角见图 4.15。

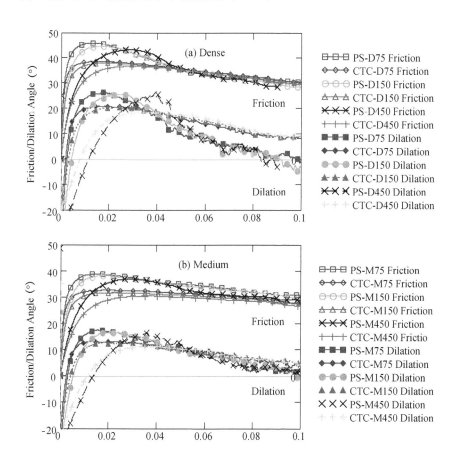

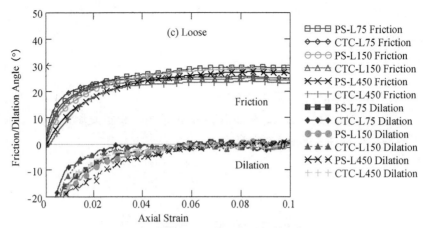

图 4.15　摩擦角和膨胀角与轴应变的关系

(a)密实样本;(b)中密样本;(c)松散样本

传统理论认为,密实颗粒材料的膨胀角在摩擦角达到(或接近)峰值时达到最大值,然后逐渐减小,直到试样到达临界状态时趋于 0 值,这与图 4.15 显示的模拟结果非常一致。松散试样受荷载作用后一般产生体积压缩,因而膨胀角为负值,但是在临界状态时同样逐渐趋于 0。图 4.15 中的体积变化与图 4.2、图 4.3、图 4.4 规律一致,但是进一步分析图4.15可以发现,当平面应变试样已经到达临界状态且趋于稳定时,相应的中密和密实的三轴压缩试样在膨胀。对于膨胀试样(中密和密实试样),Bolton (1986)根据经验提出了峰值摩擦角和峰值膨胀角的关系式:

$$\psi_p = 1.25(\phi'_p - \phi'_{cs}) \tag{4.23}$$

$$\psi_p = \frac{1}{0.048}\left(-\frac{d\varepsilon_v}{d\varepsilon_1}\right)_{max} \tag{4.24}$$

$$\psi_p = 10\left(-\frac{d\varepsilon_v}{d\varepsilon_1}\right)_{max} \tag{4.25}$$

式(4.23)和式(4.24)是平面应变条件下的公式,式(4.25)是三轴压缩条件下的公式。如果离散元模型对抗剪强度和体积变化模拟正确的话,数值模拟结果数据应该符合这些公式。根据这些公式计算得到的峰值膨胀角与数值模拟中实测峰值膨胀角的比较关系见图 4.16。从图中可以看出,根据模拟结果,由式(4.23)和式(4.24)计算出的值并不相等。尽管趋势一致,但是根据Bolton 提出的公式与使用传统方法计算得到的峰值摩擦角并不相等,这可能是因为数值模型中体积变化的计算方法导致计算得到的膨胀角偏大。数值模拟中,平面应

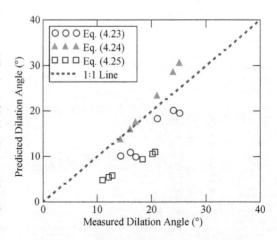

图 4.16　平面应变试样膨胀角数值模拟的测量值和计算值

变模型的膨胀角根据模拟薄膜边界中堆叠墙的每一墙单元的位移计算得到。也就是说,因为薄膜模拟中的每个单元墙段都可以在小主应力方向上独立平移,但是不能在第二主应力方向平移或变化,这一原因可能导致对平面应变试验中的膨胀值的估算偏大。

4.8　总结

通过对颗粒材料在平面应变、三轴压缩、直剪荷载条件下的数值模拟的分析可知,离散单元法可以很好地模拟和反映不同荷载条件下颗粒材料的宏观力学行为特性。之前不同荷载条件下材料的参数关系主要是依靠经验修正或基于一定的假设求得,但是这些经验的假设不一定有效和适用,数值模拟在对这一类问题的研究上有其优越性。数值模拟在不同的荷载条件试验中,不改变模型的材料参数和模型参数,只是模型形状予以变化,这就解决了室内试验时很难对相同试样进行不同试验的问题,能更好地体现不同荷载条件的影响。模拟结果表明,颗粒材料的离散元数值模拟与室内试验尽管在有些情况下的测量值和计算值有出入,但是整体上还是比较一致。由于边界测量会导致所得平面应变试验中的膨胀角偏大,所以需要更加复杂的应变测量方法。

尽管连续介质模型对不同荷载条件下土样的不同破坏方式的研究存在困难,但是从本构模型出发,分析平面应变、三轴压缩、直剪之间的差异比较成熟。通过室内试验比较不同的荷载条件比较困难,即使能够进行比较,大多数也只是模型尺寸的尺度上的比较(而不是从颗粒尺度上比较)。这就导致我们无法得知影响宏观特性的细观过程。比如,一般认为,与三轴压缩试验相比,由于平面应变试验中主应力方向对颗粒运动的限制作用,导致平面应变试验所得抗剪强度比三轴压缩试验高,但是还没有室内试验通过观测颗粒运动来对这一推测进行验证。如果离散元数值模拟能够很好地模拟试验在不同荷载条件下的边界响应和宏观力学行为特性,那就可以用它来进一步深入研究对宏观行为特性具有控制作用的颗粒细观结构和细观力学等的物理机理。

5   不同荷载条件试样细观结构分析

5.1   简介

  颗粒土的细观结构和细观力学对其宏观行为特性具有决定性作用。因此,在过去的几十年中,有大量关于土体细观结构的研究。对土体的细观研究方法主要有室内试验法和数值模拟法。常用的室内试验法有固化切片法(Kuo and Frost,1996)、X 射线图像分层法(Desrues et al.,1996;Batiste et al.,2004)、核磁共振成像法(Ng et al.,2001)等。通过这些方法,可以研究颗粒土的空间特性(如局部孔隙比分布和应变局部化等)和时间特性(如剪切带的开展、颗粒的位移和旋转等)。而与试验法相比,数值模拟方法省时经济,被研究者认为是研究颗粒材料细观结构的有力工具。数值模拟方法(包括连续介质法和离散单元法)可以对颗粒材料的细观结构和细观力学进行定量分析(Yu,2004)。离散单元法(DEM)相比连续介质法(如有限单元法或有限差分法)更符合土体的非连续离散特性,只要模型正确合理,就可以从离散元数值模拟中获得很多试验中很难或无法测得的参数(如接触正应力和接触剪应力等)。数值模拟方法不能取代室内试验分析,但是可以帮助我们对试验结果进行进一步的分析。

  由于离散单元法对颗粒材料细观结构特性研究的优越性,已经有很多学者对三轴压缩(Thornton,2000;Cui et al.,2007)、平面应变(Bardet,1994;Iwashita and Oda,2000)和直剪(Masson and Martinez,2001;Zhang and Thornton,2007)试验进行了离散元数值模拟分析研究。这些模型有二维和三维的,颗粒形状有球形、圆形、椭圆形、椭圆体、块颗粒等,研究的土体细观特性包括颗粒旋转、位移、应变局部化等。但是,已有的数值模拟大都针对某一荷载条件进行分析研究,很少有学者研究过不同荷载条件下颗粒材料细观结构的区别,因此几乎没有从细观角度对不同荷载条件下土体的宏观行为特性进行解释的研究。

  本书采用三维离散元模拟软件 PFC3D,对三轴压缩、平面应变和直剪试验进行数值模拟,对不同荷载条件下颗粒土的细观结构进行分析研究。研究内容包括不同荷载条件下的集合体特性(如孔隙比、配位数)和颗粒特性(如颗粒旋转、位移),采用主分量分析法和球形统计分析法对颗粒方位、接触面法方向、法向接触力以及切向接触力等细观结构和细观力学参数进行分析研究。

5.2 试样集合体特性

5.2.1 破坏变形

不同荷载条件下试样的破坏变形不同,而不同破坏变形主要取决于不同的破坏机理和破坏时材料的细观结构。

在实验室试验中,应变局部化和剪切带的开展一直备受学者们关注。之前有很多关于剪切带的研究,研究的主要内容是不同物理性质(密实或松散、低围压或高围压)的试样在某一荷载条件下(平面应变或三轴压缩)剪切带的开展情况(Lee,1970;Alshibli et al.,2003)。但是已有研究中,不同的学者(Finno,1996)采用不同的方法(Alshibli et al.,2003)的研究结论并不一致,有些甚至互相矛盾。下面对破坏变形相关研究作一简要总结,主要是介绍应变局部化现象。

图 5.1 所示为不同密实度试样(密实、中密、松散)在不同围压下(75 kPa、450 kPa)受

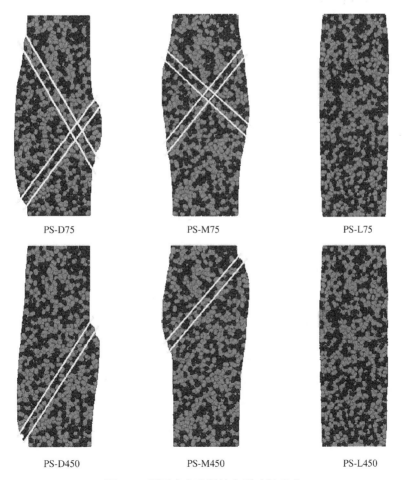

PS-D75　　　　　　　　PS-M75　　　　　　　　PS-L75

PS-D450　　　　　　　　PS-M450　　　　　　　　PS-L450

图 5.1　平面应变试样的变形破坏形式

平面应变荷载时的最终变形。图中直线表示的是试样受荷后形成的剪切带。需要注意的是,这些剪切带只是示意,图中剪切带的厚度和倾角并不准确。从这些图可以看出,低围压下,密实试样有两个明显的剪切带;中密试样也具有两个剪切带,但是不如密实试样那么明显;松散试样变形比较均匀,试样主要发生变粗变短,但没有出现明显的剪切带。在高围压下,密实试样和中密试样都有一个明显的剪切带,但松散试样与在低围压下变化没有区别,都没有明显剪切带。可以看出,密实试样应变局部化比较明显,中等密度的试样也具有剪切带,但是没有密实试样那么明显,松散试样在高围压和低围压下变形都比较均匀。所以,可以认为应变局部化与试样密度和围压相关,且试样密实度比围压的影响更大。这一结论与用来预测局部变化的传统理论一致,包括应变软化和负二阶功(Rudnicki and Rice,1975;Santamarina and Cho,2003),以及分叉理论(Vardoulakis,1980)等。

三轴压缩试样的最终变形见图 5.2。从图中可以发现,试样都有鼓胀的现象。在同样的围压下,试样越密实鼓胀量越大,中等密度的试样也发生鼓胀,但是不如密实试样明显。与密实试样和中密试样相比,无论在低围压还是高围压下,松散试样的变形都比较均匀,试样明显变粗变短,鼓胀现象不明显。

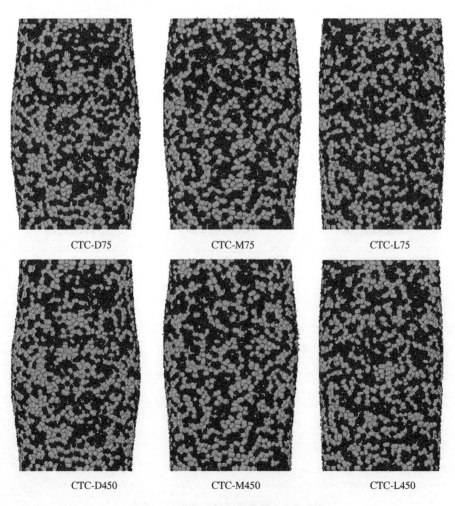

| CTC-D75 | CTC-M75 | CTC-L75 |

| CTC-D450 | CTC-M450 | CTC-L450 |

图 5.2　三轴压缩试样的变形破坏形式

直剪试验的剪切面由试验仪器决定,破坏面为上下两个剪切盒的交界面。从图 5.3 可以看出,所有试验的破坏变形基本一致。

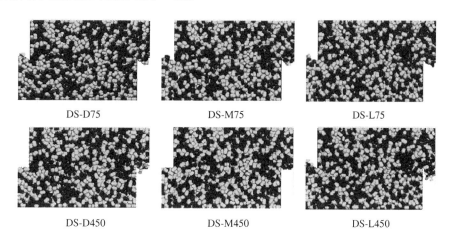

DS-D75   DS-M75   DS-L75

DS-D450   DS-M450   DS-L450

图 5.3　直剪试样的变形破坏形式

对比三轴压缩试样和平面应变试样的破坏变形可以发现,不论哪种荷载条件,密实试样的变形最不均匀,中密度试样居中,而松散试样的变形最均匀。三轴压缩和平面应变试样破坏变形的主要区别是,三轴压缩试样没有形成明显的剪切带。这一现象是对 Peric 等(1992)理论的一个验证,Peric 等认为三轴压缩试样不会形成剪切带。但是,三轴压缩试样没有明显的剪切带并不意味着这些试样没有发生应变局部化现象。Desrues 等(1996)指出,三轴压缩试样的鼓胀仅仅是表面现象,试样内部破坏方式复杂。

需要说明的是,试样变形仅仅是应变局部化和剪切带形成的定性分析。图中的直线只是用来简单地描述可能的剪切带。要对应变局部化和剪切带的开展更具体深入的研究必须基于更多的参数分析,如孔隙比、颗粒旋转、颗粒位移等。更多关于剪切带和应变局部化的讨论见第 7 章。

5.2.2　孔隙比

5.2.2.1　简介

孔隙比是砂性土体应力—应变—强度—体积特性的最重要的影响参数之一。因为应力—应变关系和体积变化的特性是细观结构(如颗粒旋转、位移)发展变化的结果,而孔隙比又是细观结构变化的一个重要反映。在试验分析和数值模拟中都发现了应变局部化现象,且应变局部化对材料行为特性有很大影响。室内试验(Oda and Kazama,1998;Evans,2005)和数值分析(Bardet and Proubed,1991;Iwashita and Oda,2000)都发现,剪切带内和剪切带以外的孔隙比是不同的,剪切带内的孔隙比比剪切带外或整体孔隙比高。所以可以根据孔隙比的分布及发展变化来研究剪切带的形成及发展,从而判定剪切带的存在及其特征。

5.2.2.2　试样孔隙比

常用的试样整体孔隙比是试样的孔隙体积(V_v)除以试样的固体体积(V_s),但是本书中计算孔隙比时采用球形分区法。球形分区法是将试样区域划分为多个球区域,球区域可以相互重叠,可以通过计算获得每个球区域中的孔隙比、配位数、应力、应变速度等参数。由球形分区法计算得到的试样孔隙比与用传统计算方法算得的孔隙比有所差别。这是因为传统方法计算的孔隙比中包含了颗粒和墙边界之间的孔隙,但是球形分区法得到的是多个球形区域的孔隙比的平均值,一般不包含靠近墙边界的孔隙。球形分区法得到的试样孔隙比相当于不考虑边界处影响的半无限空间内的孔隙比。当考虑试样孔隙比对试样整体宏观行为特性的影响时,计算孔隙比时应该忽略靠近墙的孔隙的影响,所以球形分区法更为合理。因为本节主要研究对象是试样整体孔隙比,所以采用大的球形分区法。对于平面应变试验,分区的球体直径比试样最小方向的尺寸略小,共有 45 个球形区域,相邻球形互相重叠量为分区球形的半径,包含了试样中除了靠近墙附近的所有空间。在直剪试验中采用同样大小的球形区域,共有 40 个球形区域。在三轴压缩试验中,球形区域半径比试样圆柱半径稍小,共使用了 15 个球形区域。试样的孔隙比为这些球形区域孔隙比的平均值。

平面应变、三轴压缩和直剪试验中试样总体孔隙比随轴应变的变化分别如图 5.4(a)、

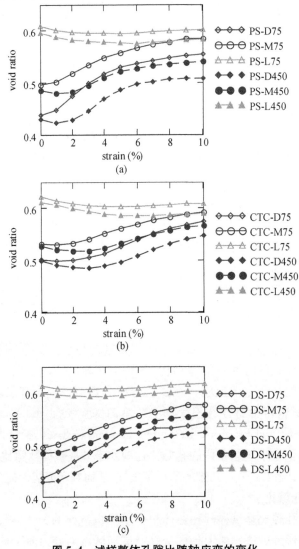

图 5.4　试样整体孔隙比随轴应变的变化

(a)平面应变;(b)三轴压缩;(c)直剪试验

（b）、（c）所示。对平面应变试验,从图5.4(a)可以看出,在低围压下,中等密度和密实试样的孔隙比随着轴应变增加而增加;高围压下,孔隙比先降低,然后随着应变增加而增加,低围压下的试样孔隙比总是比同样密度试样在高围压下的孔隙比大。这些现象反映了围压的影响,且孔隙比的变化与第4章中试样体积变化特性结论一致。孔隙比增加意味着体积增加,孔隙比减少意味着体积缩小。所以,中密试样和密实试样在高围压下先被压缩再膨胀,在低围压下一直膨胀,且密实试样的膨胀量比中密试样大。

从图5.5可以看出,松散试样孔隙比随着应变的增加基本不变。这与第4章结论不一致,第4章中提到松散试样受剪时试样体积会随着剪切应变的增加而减小。这一不同可能是由于采用球形分区法计算试样总体孔隙比造成的。前面提到过,球形分区法计算孔隙比的方式与传统方法不同,球形分区法计算试样总体孔隙比时没有完全包括墙边界附近的孔隙。所以即使试样整体体积减小,试样中间部分的孔隙比仍可能变化不大。这一现象很难从实验室试验中观察到,体现了数值模拟的优越性。

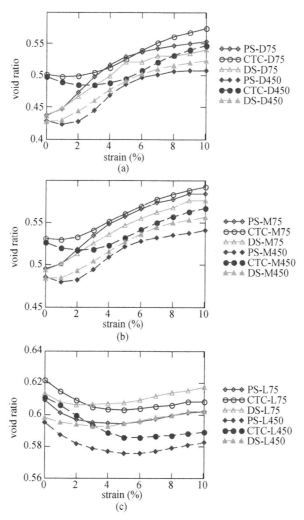

图5.5 平面应变、三轴压缩、直剪试验孔隙比的比较

(a)密实试样;(b)中密试样;(c)松散试样

从图 5.4(b)中可以发现,三轴压缩试验围压以及试样密度对孔隙比的影响与平面应变荷载条件非常相似,这里不再赘述。

对于直剪试验[图 5.4(c)],密实试样和中密试样在低围压和高围压下孔隙比在加载过程中一直随着应变的增加而增加,这与前面讨论的体积变化一致。但是,无论是低围压还是高围压下,松散试样的孔隙比几乎不变,最终可能是由于剪切区域颗粒运动导致孔隙比稍有增加,这与第 4 章讨论的试样体积变化特性并不完全一致,第 4 章中提到松散试样在加载过程中体积会一直减少。造成这一差异的原因仍然是球形分区法孔隙比计算方法与传统方法的不同。

图 5.5 所示为采用球形分区法计算试样总体孔隙比时,不同荷载条件对试样孔隙比的影响。从图中可以发现,相同密实度的平面应变试样与三轴压缩试样表现比较一致。密实和中密直剪试样与三轴压缩以及平面应变试样表现一致,但松散直剪试样的孔隙比变化与平面应变和三轴压缩试验结果有所差别。

5.2.2.3 孔隙比分布云图

前一节讨论了与试样体积变化相关的整体孔隙比。通过球形分区法,可以求得试样内任意位置的孔隙比,也就是说,可以通过球形分区法获得试样内部孔隙比分布情况。试样内部孔隙比与应变局部化现象密切相关,而应变局部化又对试样的应力—应变—强度—体积特性有重要的影响,所以研究孔隙比的分布有重要意义。为了研究试样内部孔隙比的分布,采用的是较小的球形分区,以便获得更为准确的局部孔隙比。在本书中,采用半径为颗粒平均直径两倍的球形子区域,且相邻球形区域重叠量为分区球形的半径。

由于试样孔隙比分布的三维显示比较困难,所以取试样中心位置处的一个平面作为试样内部代表性平面,并以此表示试样内部孔隙比分布。尽管采用二维平面来显示试样三维孔隙比,但所显示的孔隙比分布是由三维模型而不是由二维模型得来的,用二维平面来显示三维孔隙比分布只是为了使其显示更方便清楚。平面应变试验的代表性平面为与第二主应力方向垂直的中心位置平面,三轴压缩试验由于轴对称采用通过圆柱轴线的竖直平面,而直剪试验选用沿着剪切方向但垂直于剪切带的中心平面。代表性中心平面确定以后,可以根据几何位置关系确定球心位于选定平面上的球形分区,而这些球形子区域的孔隙比可以计算得到,因此可知中心平面上不同位置的局部孔隙比,并用孔隙比云图表示出来。

图 5.6 至图 5.12 所示为平面应变试验的孔隙比分布云图。图 5.6 至图 5.8 为低围压(75 kPa)下试样孔隙比分布云图。从图 5.6 可以看出,当围压较低时,密实试样在轴应变较大时出现了两个明显的剪切带。当轴应变为 2%时,应变局部化开始出现;当轴应变为 4%时,主要剪切带基本形成;加载至最后阶段,出现了两个明显的剪切带。图 5.7 所示为低围压下的中等密度试样孔隙比分布情况,从图中可以看到两个相交的剪切带,但是剪切带不如密实试样那么明显。同样的,当轴应变为 2%时应变局部化开始出现,当轴应变为 4%时剪切带基本形成。但是,在低围压下,松散试样没有出现明显的剪切带(图 5.8)。图 5.9 至图 5.11 所示的是高围压(450 kPa)下试样的孔隙比分布云图。图 5.9 所示为高围压下密实试样孔隙比分布,当轴应变达到 4%时,出现了一个明显的剪切带。对中密试样,如图 5.10 所示,在试样上部也出现了明显的应变局部化现象,但是剪切带

没有密实试样那么明显。松散试样在高围压下孔隙比分布情况与低围压下相似,从图5.11中可以看出,在整个加载过程中没有出现明显的剪切带。模拟结果表明,密实试样在高围压下和低围压下都会出现明显的剪切带,但是两种情况下剪切带的开展有所不同。首先,低围压下密实试样会出现两个明显的剪切带,而高围压下只有一个剪切带比较明显。其次,高围压下剪切带厚度比低围压下的剪切带小,但边界更加明显。不同围压下试样剪切带的形成表明,高围压条件比低围压时应变局部化现象更为明显和严重。另外,低围压下,试样轴应变达到 2% 时应变局部化现象开始出现,当轴应变达到 4% 时剪切带已经基本形成;但是高围压下,试样轴应变为 2% 时应变局部化现象还没有出现。图 5.12 所示为高围压下密实试样孔隙比随轴应变的发展变化过程,从图中可以看出,当轴应变达到 3% 时应变局部化现象才开始出现。这表明与低围压相比,高围压对应变局部化的发生具有约束作用。这一约束作用与前面观察到的试样在高围压下的膨胀量低于低围压的现象相似。

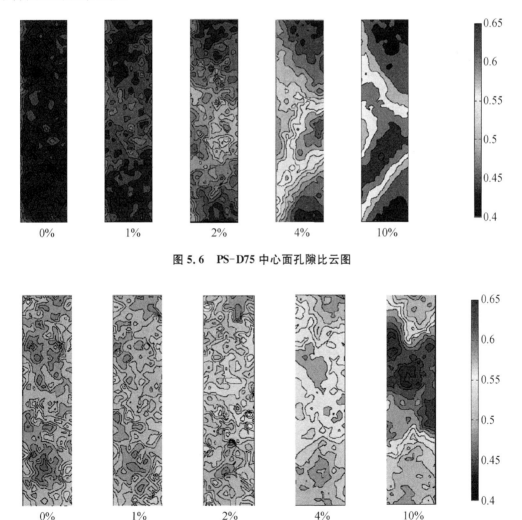

图 5.6 PS-D75 中心面孔隙比云图

图 5.7 PS-M75 中心面孔隙比云图

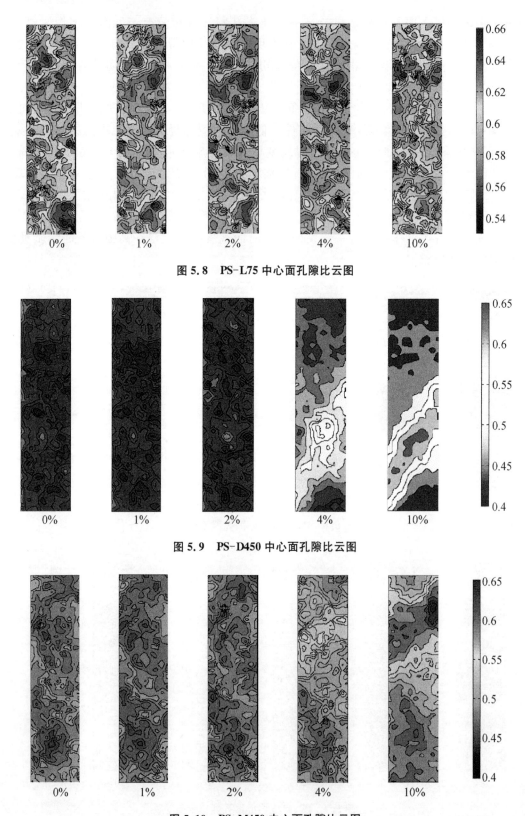

图 5.8　PS-L75 中心面孔隙比云图

图 5.9　PS-D450 中心面孔隙比云图

图 5.10　PS-M450 中心面孔隙比云图

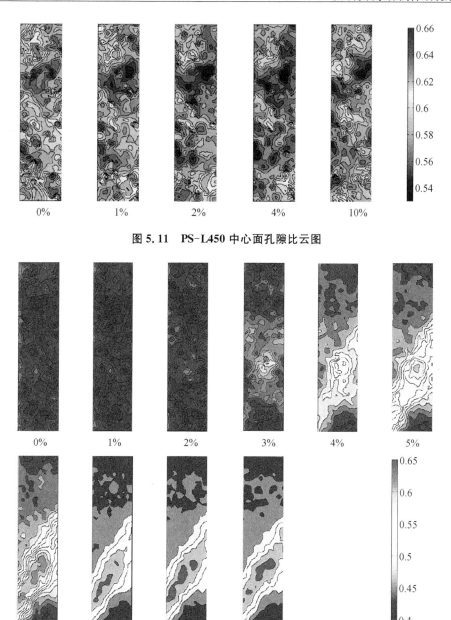

图 5.11　PS-L450 中心面孔隙比云图

图 5.12　PS-D450 中心面孔隙比云图详图

图 5.13 至图 5.16 所示为三轴压缩试验的孔隙比分布云图。密实试样没有出现明显的剪切面(图 5.13),试样中部的孔隙比比试样上部和下部大。这种应变局部化与试样的鼓胀变形相对应。这一现象也与室内试验中观察到的在加载板附近出现的锥形区域内变形相对较小的现象一致(Frost and Yang,2003)。在低围压下,当轴应变达到 2% 左右时,开始出现应变局部化现象。中密试样在试样中部出现应变局部化(图 5.14),但是试样中部的孔隙比与试样上部和下部的差别比密实试样小。松散试样(图 5.15)没有出现应变局部化现象。这与前一节提到的松散试样的压缩变短相对应。从图中可以发现,低围压下的试样孔

隙比的分布与高围压基本一致，只有微小区别。比较图 5.13（低围压下的密实试样）和图 5.16（高围压下密实试样详图）可以发现，高围压对应变局部化的形成具有约束作用，这与平面应变试验的观察结果一致，这种约束作用也与试样体积变化特性相关。

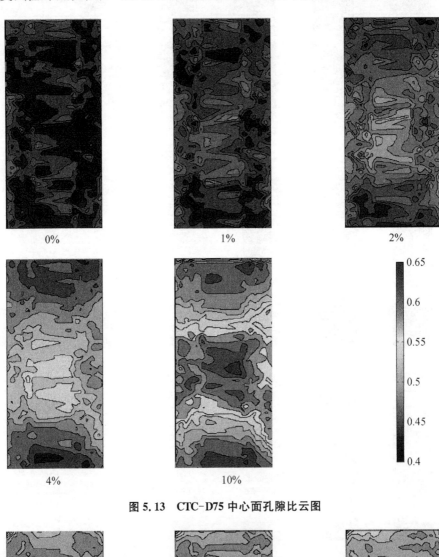

图 5.13　CTC-D75 中心面孔隙比云图

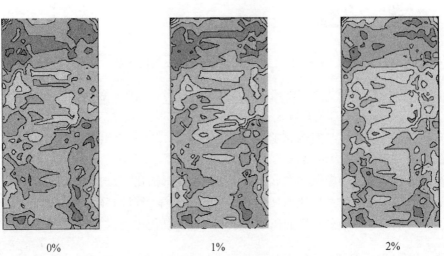

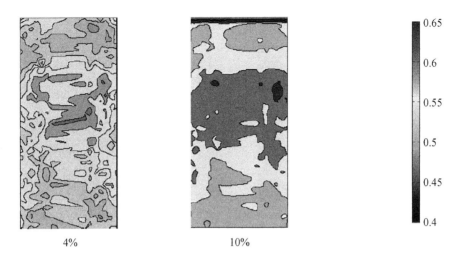

4%　　　　　　　　　10%

图 5.14　CTC-M75 中心面孔隙比云图

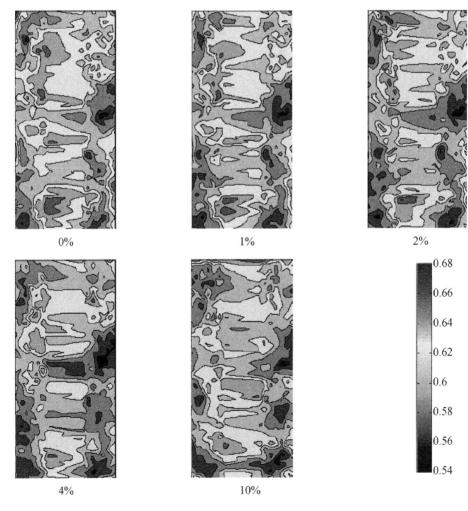

0%　　　　　　　　1%　　　　　　　　2%

4%　　　　　　　　　10%

图 5.15　CTC-L75 中心面孔隙比云图

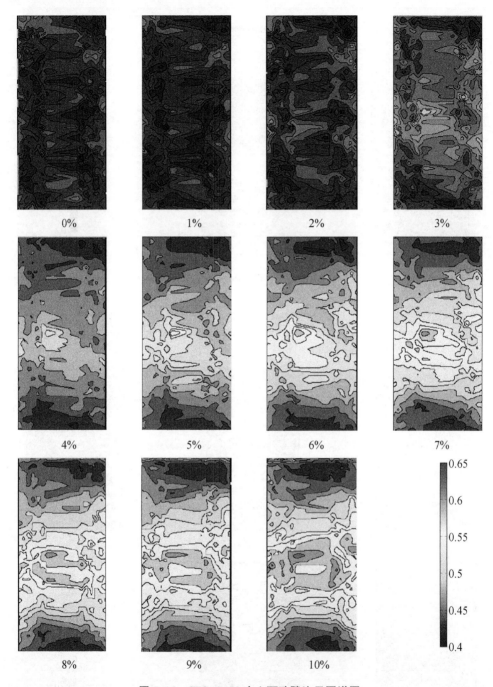

图 5.16 CTC-D450 中心面孔隙比云图详图

直剪试验的孔隙比分布云图见图 5.17 至图 5.20。图 5.17 至图 5.19 所示的是低围压 (75 kPa) 下密实、中密和松散试样的孔隙比分布。从图 5.17 和图 5.18 可以看出，密实试样和中密试样都出现了明显的剪切面，且剪切面都出现在试样中部，这是由于直剪试验的剪切面是由试验仪器的上下剪切盒所决定的。对中密试样和密实试样，应变局部化都是在轴应变达到 2% 左右(甚至之前)开始出现。当轴应变达到 4% 时，剪切面已经非常明显。对松散试样,因为破坏面已事先确定,也会出现剪切面,但是与中密试样和密实试样相比,剪切面分布的区域更为分散。比较图5.17和图5.20可以得到与平面应变试验相同的结论,高围压下剪切带的厚度比低围压下的小,再次说明高围压对剪切带的形成具有约束作用。

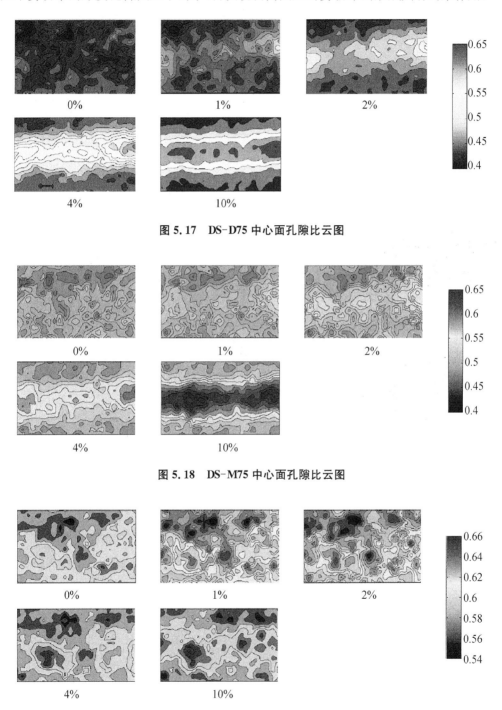

图 5.17 DS-D75 中心面孔隙比云图

图 5.18 DS-M75 中心面孔隙比云图

图 5.19 DS-L75 中心面孔隙比云图

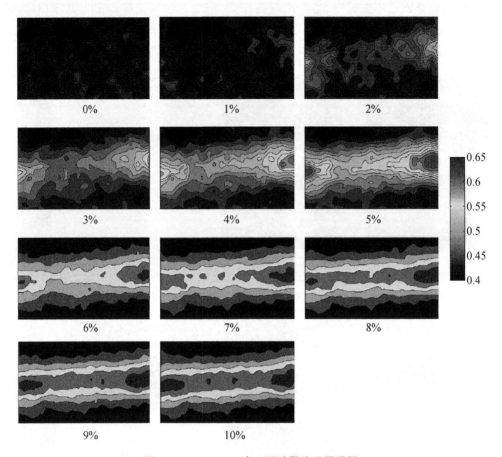

图 5.20 DS-D450 中心面孔隙比云图详图

5.2.3 颗粒配位数

与每个颗粒相接触的颗粒的平均数被称为颗粒配位数。颗粒配位数是颗粒材料的一个重要参数，它与颗粒重分布、试样体积变化以及孔隙比等密切相关。配位数增加表示试样压缩，体积减小，配位数减少表示试样膨胀，体积增加。但是，三维问题的配位数很难从实验室试验中测得，而数值模拟可以解决这一困难。

之前已有学者从不同方面对配位数进行了很多研究。Rothenburg 和 Bathurst (1993)研究了颗粒形状偏心率对配位数的影响。研究发现，静力平衡条件下，圆形和球形颗粒最大配位数分别可以达到 4 和 6，且临界稳定状态下的配位数几乎为定值，此时的配位数被称作"临界配位数"。Antony (2001)用球形颗粒建立立方体循环边界模型进行了数值模拟，得到了与 Rothenburg 和 Bathurst (1993)一致的结论，即在临界稳定状态下，颗粒配位数基本不变。Jiang 等(2004)采用离散元模型对不饱和颗粒材料进行了一系列的模拟试验，结果发现，围压越大配位数越大。Rothenburg 和 Kruyt (2004)用离散元模拟了盘状颗粒材料准静态变形，研究了峰值摩擦角和配位数之间的关系。对颗粒间摩擦对配位数的影响进行了分析解释，并从配位数的角度对临界状态进行了分析研究。O'Sullivan 等(2004)对立方体排列和菱形排列的试样的钢球进行了一系列的三轴和平面应变室内试验,并对试验进行了离散元数值模拟,通过试验结果和模拟结果的比较进一步研究颗粒材料的性质。数值模拟结果表明,试样强度和配位数有明显的相关性,试样强度随着配位数减小而减小。

本节中,配位数的计算方法与之前孔隙比的计算方法相同,即在试样中划定一系列球形子区域,试样的配位数为这些球形子区域配位数的平均值。平面应变、三轴压缩、直剪试验中配位数和轴应变的关系如图 5.21 所示,不同荷载条件下配位数的比较见图 5.22。

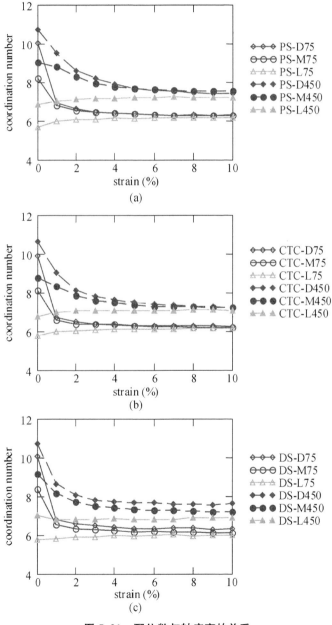

图 5.21   配位数与轴应变的关系

(a)平面应变;(b)三轴压缩;(c)直剪试验

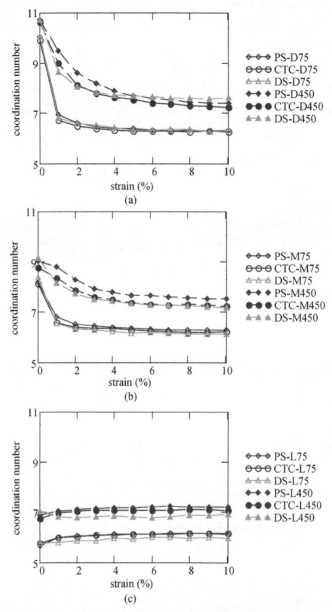

图 5.22 平面应变、三轴压缩、直剪试验配位数的比较

(a)密实；(b)中密；(c)松散试样

对于平面应变试验[图 5.21(a)]，研究发现：(1)初始状态以及刚开始加载时，密实试样配位数最大，中密试样次之，松散试样最小。这很好理解，试样越密实每个颗粒相接触的颗粒也就越多。(2)中密试样和密实试样无论在低围压下还是高围压下，配位数都随着轴应变的增加而减少。这与中密试样和密实试样的受剪体积膨胀一致。松散试样无论在低围压下还是高围压下，配位数都随着轴应变增加而增加，同样与试样体积压缩一致。这些结果表明，配位数可以合理反映试样的体积变化。(3)高围压下试样的配位数比低围压大。这表明，配位数随着围压的提高而增加。这一结论与 Jiang 等（2004）的研究成果一致。(4)高围压下配位数高的试样强度比低围压下配位数低的试样高。这与第4章讨论过的试样强度特性一致,同样与 O'Sullivan 等(2004)认为的配位数越大强度越高一致。(5)当加载完成时,即使初始密实度不同,围压相同的试样的最终配位数非常接近。这表明,试样达到临界稳定状态时配位数将会收敛于统一值。这与 Rothenburg 和 Bathurst (1993)进行的二维试验以及 Antony (2001)进行的三维数值模拟研究结果一致。

对于三轴压缩试验,从图 5.21(b)中可以看出,其配位数变化特性与平面应变试验相似。配位数的变化很好地反映了第4章讨论过的试样宏观行为特性。高密度和高围压将会导致试样配位数较高。但是在同样围压下,试样在临界稳定状态的配位数基本接近。

图 5.21(c)所示为直剪试验配位数变化特性。从图中可以看出,密实试样和中密试样配位数变化规律与平面应变和三轴压缩试验相似,而松散试样的配位数稍有不同。平面应变和三轴压缩条件下的松散试样,配位数会随着轴应变的增加而稍有增加,意味着试样发生体积压缩。但是直剪条件下的松散试样的配位数随着轴应变增加却没有太大变化。这与前面一节中松散试样的孔隙比变化规律相一致,在直剪条件下松散试样的整体孔隙比随着应变增加也基本不变。

图 5.22(a)、(b)、(c)所示分别为密实、中密、松散试样不同荷载条件和不同围压下配位数的变化规律。从图中可以看出,除了松散试样在直剪条件下配位数基本不变,在同样密度和同样围压条件下,不同荷载条件下试样的配位数变化规律也基本一致。

5.3　颗粒特性

5.3.1　颗粒旋转

5.3.1.1　前期工作

在实验室试验(Oda and Kazama,1998)和数值模拟研究(Bardet and Proubet,1991)中都观察到试样在荷载作用下的内部颗粒发生旋转的现象。研究颗粒旋转对材料行为特性影响的方法有很多,包括理论分析法(Bardet and Proubet,1991)、试验法(Wang et al.,2004)、数值模拟法(Iwashita and Oda,1998)等。

Oda 和 Kazama (1998)采用 X 射线断层图像法进行研究,他们使用显微镜和薄切片光学测量平面应变条件下试样的细观结构变化。研究发现,剪切带边界的颗粒旋转较大,说明在很窄的区域内颗粒旋转差距很大,颗粒旋转的方向与试样连续介质意义上的宏观旋转相平行。颗粒的转动阻力被认为是颗粒土材料强度的一个非常重要的组成部分。Wang 等(2004)提出了一种采用 X 射线断层图像法对试样中的颗粒进行三维重构的方法。试样中的颗粒由其质心坐标和形态特征表示,通过这种方法,每个颗粒的平动和转动都能表示出来。

尽管有很多学者采用试验法来研究颗粒旋转，但是这些试验一般都非常复杂，不易于操作。由于数值模拟方法相较于试验法简单经济，所以被越来越多的学者用来对颗粒旋转进行研究。

Bardet（1994）研究了理想颗粒土中颗粒旋转对破坏的影响。研究发现，颗粒旋转对材料弹性性能的影响微乎其微，但是对材料剪切强度的影响非常大。试样颗粒的总体平均旋转很小，但是剪切带内颗粒的平均旋转很大。由于颗粒的旋转主要集中在剪切带内，所以试样的整体摩擦和残余摩擦比剪切带内颗粒间摩擦小。为了考虑接触点处颗粒转动的影响，Iwashita 和 Oda（2000）提出了一种修正离散元法（MDEM）。在修正离散元法中，为了考虑转动阻力的影响，在每一个接触点处增加了一个弹簧、一个缓冲器、一个没有拉力的连接以及一个滑块。采用这个模型，他们观察到了与实验室结论（Oda and Kazama，1998）以及其他数值模拟结果（Bardet and Proubet，1991）一致的现象，即剪切带边界处颗粒旋转梯度很大。Masson 和 Martinez（2001）用离散单元法模拟了一系列的直剪试验，对松散试样和密实试样中颗粒的旋转进行了分析。结果表明，颗粒旋转是应变局部化现象的一个特征。O'Sullivan 和 Bray（2004）提出了使用中心差分时间积分法来确定离散元模型合理时间步的方法。研究发现，无论在二维模型还是三维模型中，颗粒是否发生旋转对临界时间步的影响都很大。如果允许颗粒旋转，临界时间步长会比较小。Suiker 和 Fleck（2004）研究了颗粒旋转对三维离散元模型强度、体积变化以及破坏特性的影响。他们模拟了两种情况，一种允许颗粒旋转，另一种不允许颗粒旋转。模拟结果显示，阻止颗粒旋转可以使材料的偏应力强度提高两到三倍，同时会使材料破坏提前（更小应变时发生破坏）。当颗粒旋转被限制时，临界配位数减少，孔隙比变大，说明颗粒旋转会引起更大的剪切膨胀。Powrie 等（2005）模拟了一系列三维的平面应变试验，通过颗粒旋转来分析一些因素如载荷板摩擦、初始试样孔隙比、颗粒形状以及颗粒间摩擦角等对应变局部化的影响，通过颗粒旋转来研究材料变形机理。Jiang 等（2005）提出了一种考虑土颗粒旋转阻力的二维离散模型。在这种模型中，接触点处的位移被分为纯滑动位移和纯滚动位移两个分量。通过将模型中颗粒接触从点接触改为具有一定宽度的面接触，引入了一个新的参数——形状参数。结果表明，使用该模型的模拟结果与试验结果更为接近。

5.3.1.2 颗粒旋转分布图

数值模拟中，模型颗粒采用由两个球重叠而成的块颗粒，块颗粒宽高比为 1.5∶1。颗粒摩擦系数根据物理试验（Proctor and Barton，1974）结果取为 0.31。通过采用非球体块颗粒，避免了球颗粒旋转过大的问题，与真实情况更为贴近。

为了能清楚方便地表示颗粒旋转分布，与材料的孔隙比和配位数分析时选择的中心平面一样，平面应变试验采用与第二主应力方向垂直的中心位置平面，三轴压缩试验采用通过圆柱轴线的竖直平面，直剪试验采用沿着剪切方向但垂直于剪切带的中心平面，选择颗粒球心位于或靠近该中心面的颗粒，并用这些颗粒的旋转代表整个试样的颗粒旋转特性。图 5.23、图 5.24、图 5.25 分别为平面应变、三轴压缩、直剪条件下最终状态时颗粒旋转图。不同灰度表示颗粒旋转大小不同。

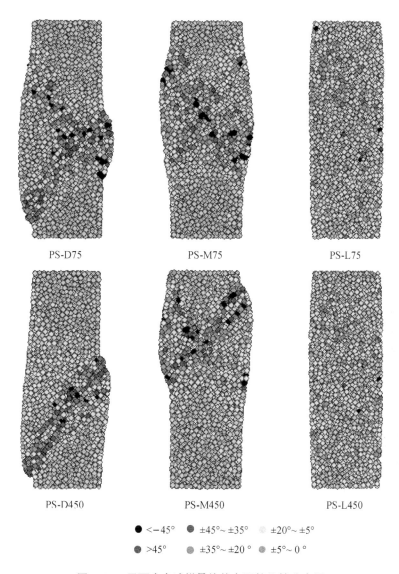

图 5.23 平面应变试样最终状态颗粒旋转分布图

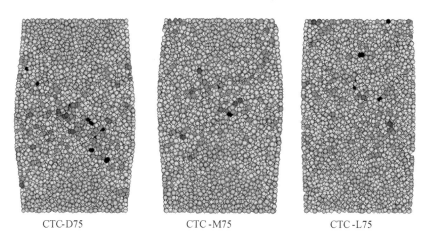

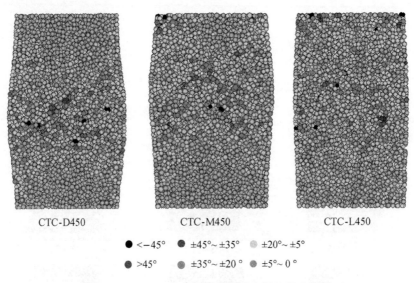

CTC-D450　　　　　CTC-M450　　　　　CTC-L450

● <−45°　　● ±45°~±35°　　● ±20°~±5°

● >45°　　● ±35°~±20°　　● ±5°~0°

图 5.24　三轴压缩试样最终状态颗粒旋转分布图

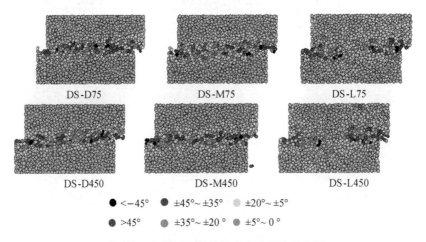

DS-D75　　　　　DS-M75　　　　　DS-L75

DS-D450　　　　　DS-M450　　　　　DS-L450

● <−45°　　● ±45°~±35°　　● ±20°~±5°

● >45°　　● ±35°~±20°　　● ±5°~0°

图 5.25　直剪试样最终状态颗粒旋转分布图

从图 5.23 可以看出,平面应变条件下,不同密实度的试样具有不同的颗粒旋转特性。对于密实试样,颗粒旋转大的区域集中在一个窄的范围内,即剪切带内。高围压时,颗粒旋转图中只有一条明显的剪切带,而低围压时,有两条比较明显的剪切带。中密试样旋转较大的颗粒同样集中于代表剪切带的较窄区域,但它的集中现象不如密实试样那样明显。松散试样中没有出现明显的旋转较大的颗粒集中的现象,无论是高围压还是低围压下颗粒旋转都比较均匀。没有高旋转集中现象说明没有剪切带形成。

三轴压缩条件下(图 5.24),密实试样中部颗粒旋转大于试样两端。但是旋转较大的颗粒并没有集中在一定区域内,说明没有形成明显的剪切带。进一步观察图 5.24 可以发现,在加载板附近存在两个锥形区。在这两个锥形区域内,颗粒旋转比较小,与前面讨论孔隙比时观察到的锥形区域一致。中密试样同样是中间的颗粒旋转较大,试样两端颗粒旋转比较均匀,在加载板附近同样可以观察到两个锥形区,但锥形区没有密实试样的锥形区明显。松散试样同平面应变试验中的观察比较一致,颗粒旋转比较均匀,没有出现集中区。

在直剪试验(图5.25)中,因为剪切面由试验设备决定,所以剪切面附近颗粒的旋转都比较大。无论是密实试样、中密试样还是松散试样,都可以观察到旋转较大颗粒集中于试样中部剪切带内。当竖向荷载相同时,密实试样剪切带厚度最小,中密试样次之,松散试样剪切带厚度最大。同样密实度而竖向荷载不同的试样,竖向荷载越大,剪切带厚度越小。

从模拟结果可以发现,试样密实度越低,颗粒旋转越均匀,试样密实度越大,旋转较大的颗粒越容易集中在较窄的区域内。围压越大,旋转较大的颗粒越集中在较窄的区域内,围压越小颗粒旋转越均匀。

平面应变、三轴压缩、直剪最终状态时颗粒旋转云分布图分别如图 5.26、图 5.27、图5.28所示。

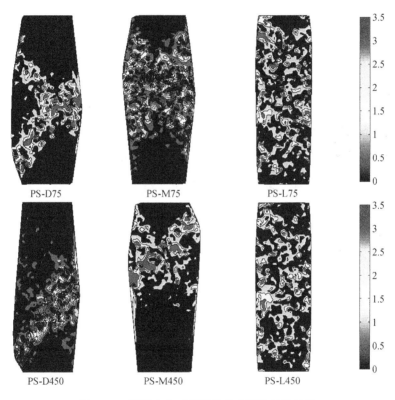

PS-D75   PS-M75   PS-L75

PS-D450   PS-M450   PS-L450

图5.26 平面应变试样最终状态颗粒旋转云图

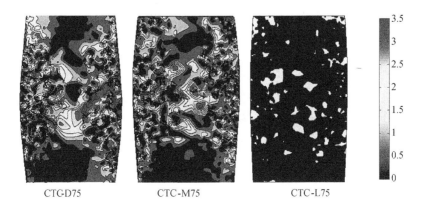

CTG-D75   CTC-M75   CTC-L75

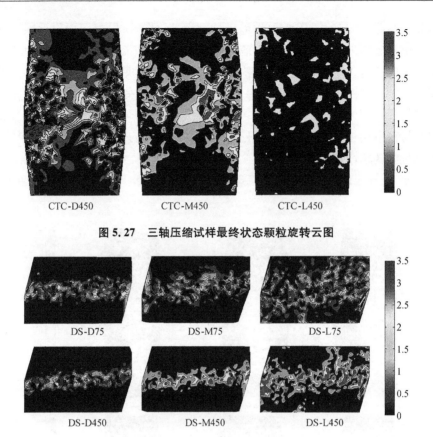

CTC-D450　　　　　　CTC-M450　　　　　　CTC-L450

图 5.27　三轴压缩试样最终状态颗粒旋转云图

DS-D75　　　　　　DS-M75　　　　　　DS-L75

DS-D450　　　　　　DS-M450　　　　　　DS-L450

图 5.28　直剪试样最终状态颗粒旋转云图

5.3.1.3　颗粒旋转分布发展

从上面分析可以看出,颗粒旋转及其变化可以反映应变局部化的开展和变化,这与其他学者的发现相一致(Masson and Martinez,2001)。以高围压下密实试样在不同荷载条件下颗粒旋转的发展变化为例,图 5.29、图 5.30、图 5.31 所示分别为平面应变、三轴压缩、直剪试样颗粒旋转云图在加载过程中的变化。从这些图可以看出,平面应变和直剪试样在轴应变为 3%～4% 之间时出现应变局部化现象,在应变达到 5% 时,剪切带完全形成。这与之前通过孔隙比的分析得到的结论一致。

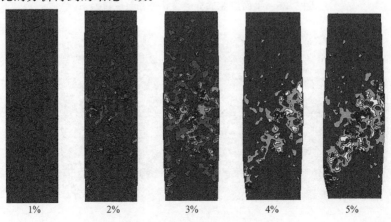

1%　　　　　2%　　　　　3%　　　　　4%　　　　　5%

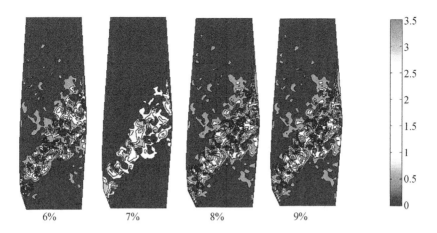

图 5.29 平面应变试样(PS-D450)加载过程中颗粒旋转云图的变化

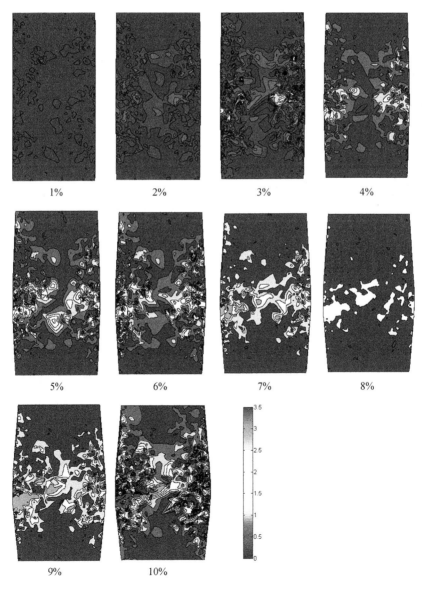

图 5.30 三轴压缩试样(CTC-D450)加载过程中颗粒旋转云图的变化

73

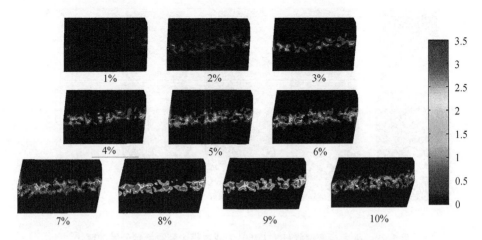

图 5.31　直剪试样(DS-D450)加载过程中颗粒旋转云图的变化

5.3.2　颗粒位移

颗粒运动可以分为两个部分：旋转和位移。之前有很多学者研究了离散元模拟中颗粒位移的特性(Chang and Liao，1990；Bardet and Proubet，1991；Bardet，1994；Cui and O'Sullivan，2006；Zhang and Thornton，2007)，但是这些研究大都针对某一荷载条件(平面应变、三轴、直剪)。在对颗粒位移进行分析研究时，因为在三维视图中颗粒位移的显示比较困难，可以采用前述与研究颗粒旋转一样的方法，通过中心面附近颗粒位移的二维视图来研究三维试样颗粒位移的特性。

图 5.32、图 5.33、图 5.34 分别为平面应变、三轴压缩、直剪条件下最终状态时颗粒的位移云图。从这些图可以得到与颗粒旋转分析一致的结果。当出现应变局部化或剪切带时，位移较大的颗粒集中在一些局部区域中。在平面应变试验中，密实试样在低围压下有两个明显的剪切带，而在高围压下只有一个。中密试样在高围压和低围压下也出现类似的剪切带，但是不如密实试样集中，比较分散。松散试样无论是在高围压下还是低围压下，颗粒位移都比较均匀，说明没有出现应变局部化现象。在三轴压缩试验中，试样中间部分颗粒的位移大于试样两端，表明试样中部出现了应变局部化。在载荷板附近出现了锥形区，锥形区内颗粒位移较小。同样，松散试样颗粒位移比较均匀，没有出现应变局部化现象。在直剪试验中，因为剪切面由试验设备决定，所以剪切面附近颗粒的位移都比较大，在密实、中密、松散试样中都出现了颗粒位移较大的集中区域。试样密度越低、竖向荷载越小，剪切面附近颗粒位移较大的区域就越分散。

平面应变、三轴压缩、直剪试样内颗粒位移的发展变化规律以密实试样在高围压下为例，分别如图 5.35、图 5.36、图 5.37 所示。结果表明，颗粒位移的发展规律与颗粒旋转分析得到的结论一致，当轴应变达到 3%～4%时，试样中颗粒位移较大的区域的集中开始形成，说明应变局部化开始，在应变达到 5%时，应变局部化充分发展。综上所述，颗粒位移和颗粒旋转一样可以很好地反映应变局部化和剪切带的开展。

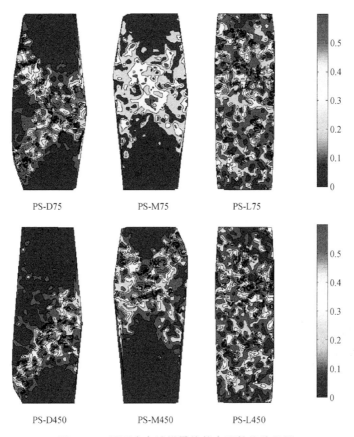

图 5.32　平面应变试样最终状态颗粒位移云图

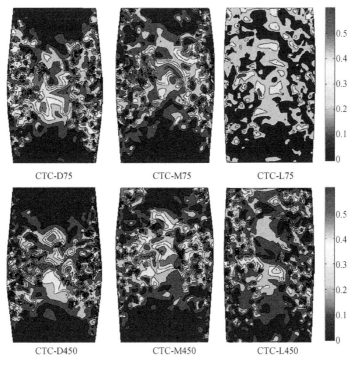

图 5.33　三轴压缩试样最终状态颗粒位移云图

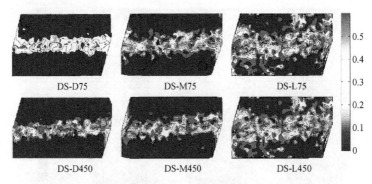

图 5.34 直剪试样最终状态颗粒位移云图

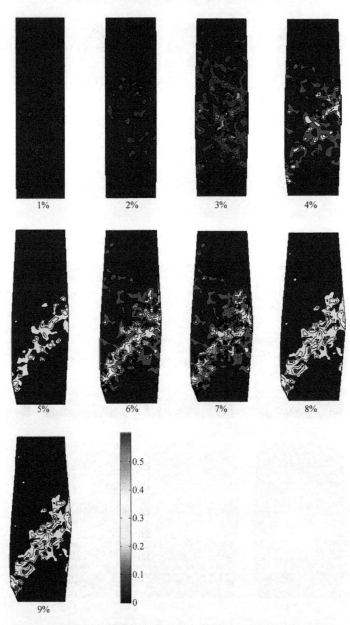

图 5.35 平面应变试样(PS-D450)加载过程中颗粒位移云图变化

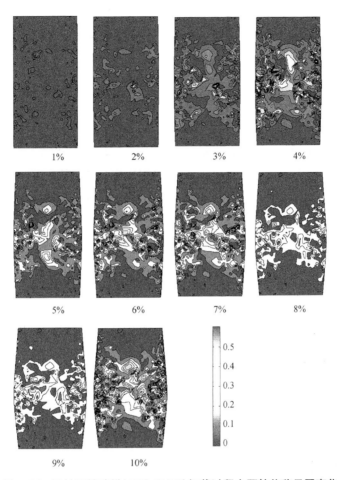

图 5.36 三轴压缩试样(CTC-D450)加载过程中颗粒位移云图变化

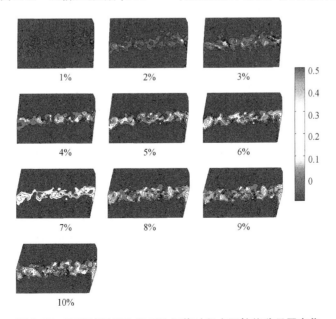

图 5.37 直剪试样(DS-D450)加载过程中颗粒位移云图变化

5.4 试样数据统计分析

5.4.1 方法介绍

颗粒土的宏观行为特性是由其细观结构和细观力学决定的。但是,很多细观参数和信息在试验中很难或无法测得。比如,颗粒方向分布是材料细观结构的一个重要参数,虽然一些学者采用试验法,如 X 射线和光学测量法(Oda and Kazama,1998)、X 射线断层影像法(Wang et al.,2004)等来研究颗粒的方向分布,但是这些试验方法操作起来都非常繁琐复杂。此外,接触点处的法向量分布、法向力、切向力等颗粒土材料非常重要的细观力学参数很难通过试验获得。离散单元法一个很大的优势就是它可以非常方便地获得这些在实验室很难或无法测得的参数。

之前已有学者提出了一些颗粒材料的细观力学的概念与方法。比如,有的学者(Satake,1978;Oda et al.,1980;Mehrabadi et al.,1982)在分析颗粒材料细观力学时采用了结构张量的概念,颗粒材料被看作是在接触点处相互作用的颗粒的集合,通过结构张量的概念来描述颗粒材料宏观参数和离散特性的关系,并通过该关系得到材料的应力—应变特性(Rothenburg,1980;Rothenburg and Bathurst,1989;Bathurst and Rothenburg,1990;Ouadfel and Rothenburg,2001),提出了一些重要的细观力学参数,如接触方向的各向异性、接触矢量、接触力的各向异性等,研究了材料外部荷载和内部细观结构参数的关系,并提出了应力—力—结构的概念。一些学者利用离散单法元对二维模型(Rothenburg and Bathurst,1989;Bathurst and Rothenburg,1990)和三维模型(Ouadfel and Rothenburg,2001;Sitharam et al.,2002)进行了模拟分析。

本节采用球形统计法研究颗粒材料的细观结构,通过球形柱状分布图表示三维模型中的颗粒方向、接触面法向量、接触法向力、接触切向力的分布,研究不同密实度的试样在不同的荷载条件下颗粒细观结构参数与材料宏观应力—应变关系之间的联系。

5.4.2 颗粒方向分布图

如前所述,数值模型中的颗粒采用两个球形重叠而成宽高比为 1.5:1 的块颗粒。离散元数值模拟中,组成每个块颗粒的两个球可以识别,任意时刻每个球的位置和半径可以确定。如果组成块颗粒两个球的质心分别为(x_1, y_1, z_1)和(x_2, y_2, z_2),且半径相等,都为 r,那么块颗粒方向就可以确定。两个球颗粒之间的距离可以通过下式计算而得:

$$D = \sqrt{(x_2 - x_1)^2 + (y_2 - y_1)^2 + (z_2 - z_1)^2} \tag{5.1}$$

对宽高比为 1.5:1 的块颗粒,$D=r$。

在如图 5.38 所示的球形坐标系中,块颗粒的方向可以通过 θ 和 φ 两个角度来表示:

$$\theta = \arccos\left(\frac{z_2 - z_1}{D}\right) \tag{5.2}$$

$$\varphi = \arctan\left(\frac{y_2 - y_1}{x_2 - x_1}\right) \tag{5.3}$$

求出每个颗粒方向后,可以用球形柱状分布图表示试样内颗粒方向的分布。采用 Leopardi(2006)提出的递归等面积球形分区法对单元球体进行分区。用块颗粒方向位于每一立体角(Solid Angle)方向范围内的颗粒数占总颗粒的百分数表示球形柱状图中该立体角方向的半径,就可以得到试样中颗粒方向分布的球形柱状分布图。

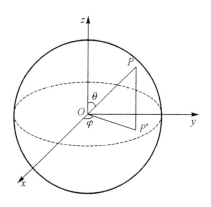

图 5.38　球形坐标系定义

通过球形柱状图,对密实试样在低围压下(75 kPa)不同剪应变状态时的颗粒方向分布进行研究。图 5.39 和图 5.40 是平面应变条件,图 5.41 和图 5.42 是三轴压缩条件,图 5.43 和图 5.44 是直剪条件。每种荷载条件都用三个垂直于坐标轴的投影平面图和一个三维立体图来显示。y-z 平面图和 x-z 平面图表示的是竖直投影面上颗粒方向分布,x-y 平面表示的是水平投影面上颗粒方向分布。

对图 5.39 至图 5.44 用椭球来进行数据拟合,用标量分析的方法来表示颗粒主要分布方向。假设椭球轴与坐标系重合,那么椭球的公式为

$$\frac{x^2}{a^2} + \frac{y^2}{b^2} + \frac{z^2}{c^2} = 1 \tag{5.4}$$

式中,a、b、c 分别为椭球半轴的长度。这个假设可以通过分析矩阵 $\boldsymbol{h}^{\mathrm{T}}\boldsymbol{h}$ 的特征值来进行验证,其中 $\boldsymbol{h}$ 为柱状图中每个柱数值的 x、y 和 z 分量(这种方法与主分量分析方法一致,相当于计算协方差矩阵的特征值)。另外一种相对不太严格但性质相同的方法是用一个广义椭球体(即不忽略截项的椭球体)进行数据拟合。使用上述两种方法发现,简化椭球与广义椭球的拟合基本一致。各向异性程度的定量化分析的最简单方法是计算椭球的半轴比。图 5.45(a)、(b)、(c)所示分别为平面应变、三轴压缩、直剪条件下的颗粒分布拟合椭球的半轴比。a/b、b/c 和 a/c 分别对应于球形柱状图中的 x-y、y-z、x-z 平面。椭球半轴长度随轴应变的变化如图 5.46 所示,其中 a、b、c 分别为第二、第三、第一主应力的方向椭球半轴长度。

首先,对不同荷载条件下颗粒方向分布的总体分析可以发现,颗粒方向的分布与试样密度和荷载条件都有关系。在平面应变和三轴压缩条件下,应变较大时,密实试样颗粒方向分布图为南瓜形,而松散试样颗粒方向分布图为花生形。直剪条件下,松散试样和密实试样的颗粒方向分布图都为花生形。

平面应变条件下,如图 5.39 和图 5.40 所示,试样在初始状态下,竖直颗粒比水平颗粒多,松散试样这一现象比密实试样更加明显。在水平面上,颗粒方向分布比较均匀(x-y 平面分布近似为圆形)。这与图 5.45(a)所示一致,图中初始状态下 b/c 和 a/c 小于 1,a/b 约为 1。随着加载的进行,竖直颗粒的数目减少,即图 5.46(a)中的 c 值减小。在水平面,也就是垂直于第一主应力的平面上,颗粒方向分布从均匀变为不均匀。多数颗粒的方向变为第三主应力方向,这也可以从图 5.46(a)中看出,图中 b 随着应变增加而增加。在剪切过程中,第二主应力方向的颗粒数目变化不大(a 随着应变改变变化不大)。

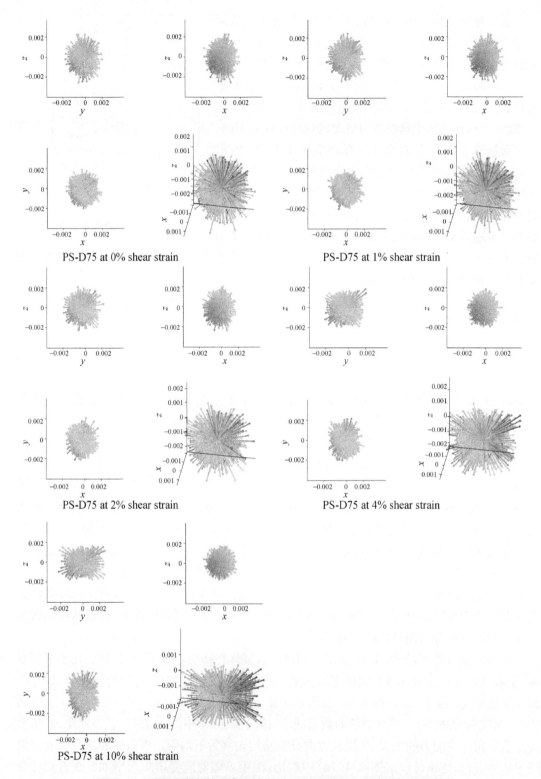

PS-D75 at 0% shear strain

PS-D75 at 1% shear strain

PS-D75 at 2% shear strain

PS-D75 at 4% shear strain

PS-D75 at 10% shear strain

图 5.39 平面应变条件下密实试样(PS-D75)颗粒方向球形柱状分布图

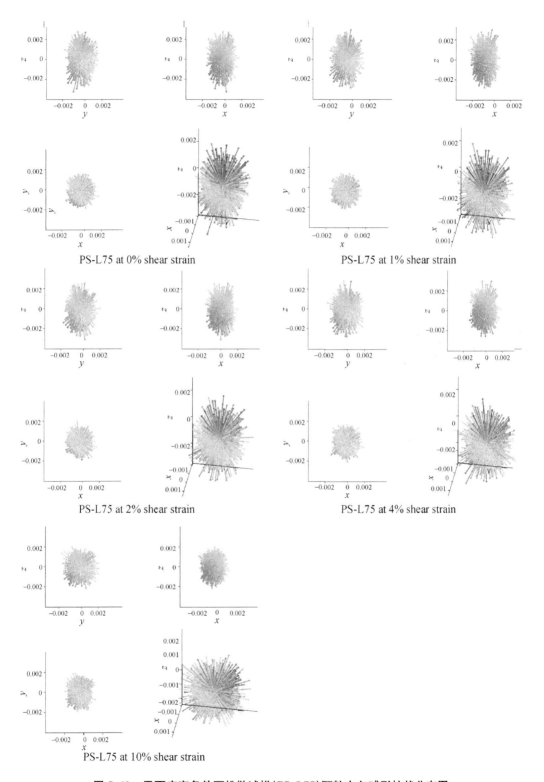

PS-L75 at 0% shear strain　　　　　PS-L75 at 1% shear strain

PS-L75 at 2% shear strain　　　　　PS-L75 at 4% shear strain

PS-L75 at 10% shear strain

图 5.40　平面应变条件下松散试样(PS-L75)颗粒方向球形柱状分布图

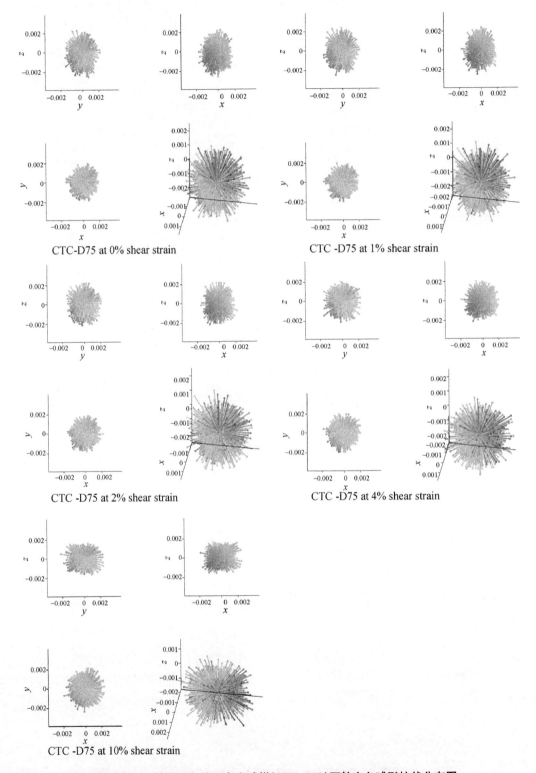

CTC-D75 at 0% shear strain

CTC -D75 at 1% shear strain

CTC -D75 at 2% shear strain

CTC -D75 at 4% shear strain

CTC -D75 at 10% shear strain

图 5.41 三轴压缩条件下密实试样(CTC-D75)颗粒方向球形柱状分布图

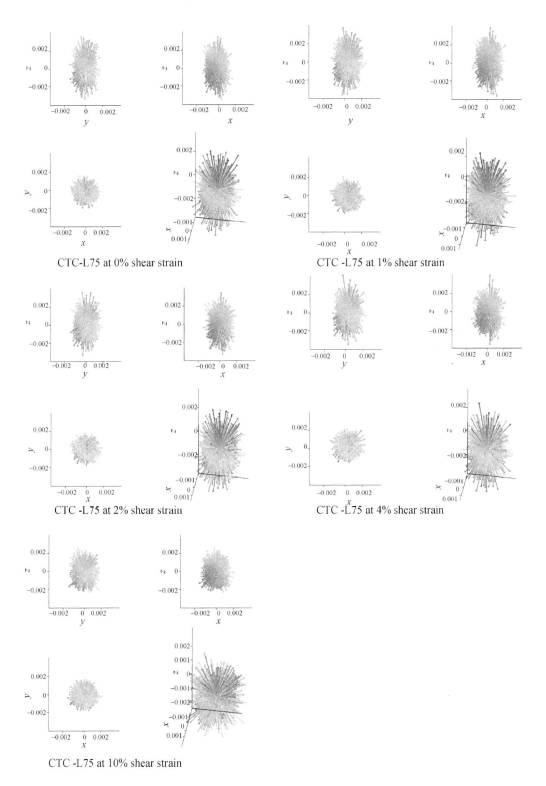

CTC-L75 at 0% shear strain

CTC -L75 at 1% shear strain

CTC -L75 at 2% shear strain

CTC -L75 at 4% shear strain

CTC -L75 at 10% shear strain

图 5.42　三轴压缩条件下松散试样(CTC-L75)颗粒方向球形柱状分布图

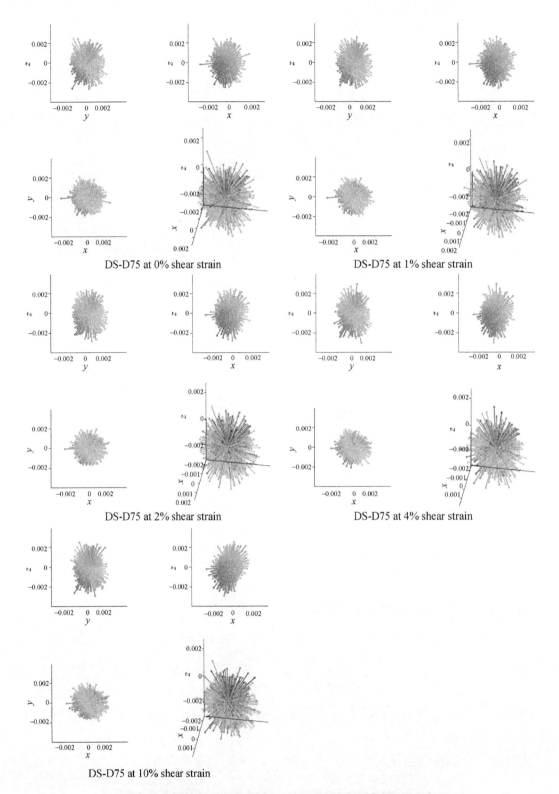

DS-D75 at 0% shear strain

DS-D75 at 1% shear strain

DS-D75 at 2% shear strain

DS-D75 at 4% shear strain

DS-D75 at 10% shear strain

图 5.43   直剪条件下密实试样(DS-D75)颗粒方向球形柱状分布图

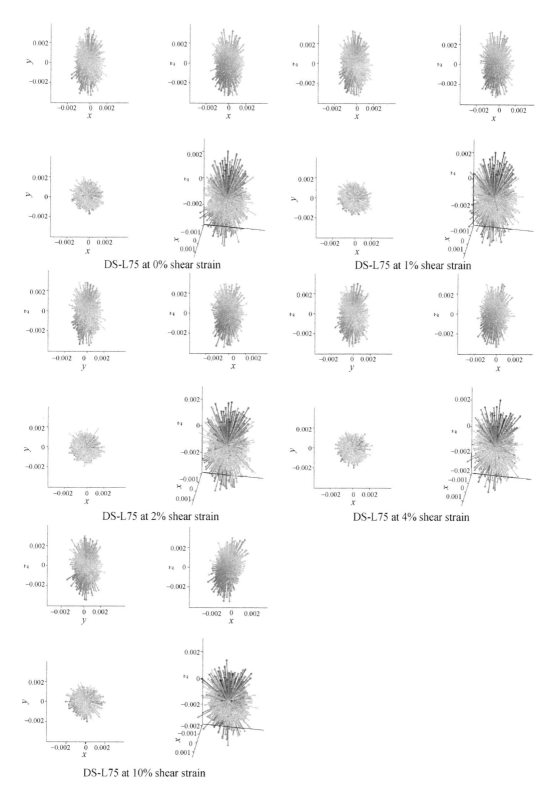

DS-L75 at 0% shear strain

DS-L75 at 1% shear strain

DS-L75 at 2% shear strain

DS-L75 at 4% shear strain

DS-L75 at 10% shear strain

图 5.44　直剪条件下松散试样(DS-L75)颗粒方向球形柱状分布图

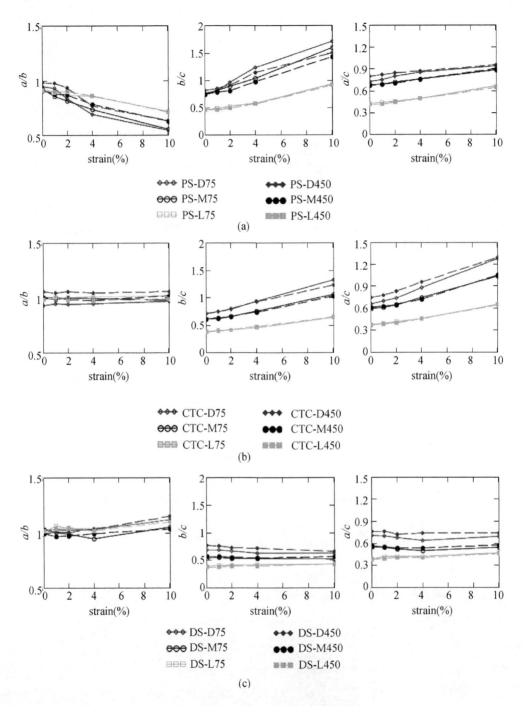

图 5.45 颗粒方向分布图拟合椭圆半轴比

(a)平面应变;(b)三轴压缩;(c)直剪

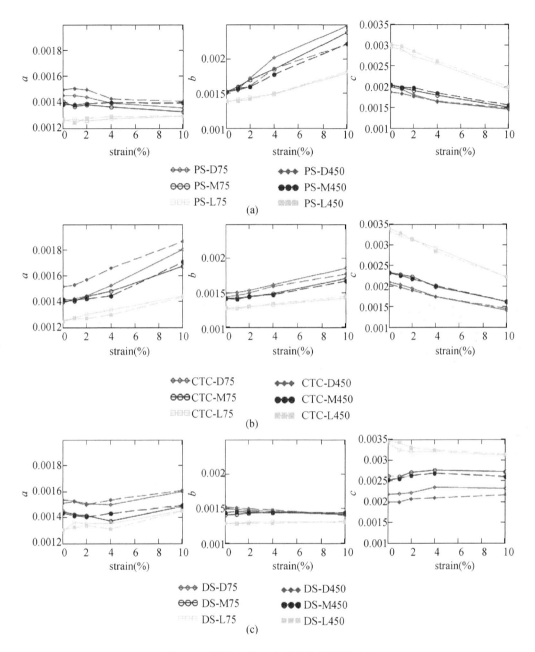

图 5.46　颗粒方向分布图拟合椭圆半轴长

(a)平面应变；(b)三轴压缩；(c)直剪

三轴压缩条件下，如图 5.41 和图 5.42 所示，在水平面(x-y 面)上，也就是与第一主应力垂直面上，试样颗粒方向分布比较均匀。而且在整个加载过程中，水平面上的颗粒方向基本保持均匀分布。这也可以从图 5.45(b)看出，图中 a/b 基本接近于 1。在初始状态下，竖向颗粒比水平颗粒多，这与应变为 0 时 b/c 和 a/c 小于 1 相一致。随着剪切进行，竖向颗粒越来越少，对应于图 5.46(b)中的 c 越来越小。相应地，水平颗粒越来越多，图 5.46(b)中的 a、b 随着加载进行越来越大，且 a、b 增加速度基本一致，从而使得在水平面上颗粒方向分布一直比较均匀。

图 5.43 和图 5.44 所示为直剪试样颗粒方向分布。在初始状态下,与平面应变试样和三轴压缩试样一致,竖向颗粒比水平颗粒多,且试样密度越低越明显。当试样受剪时,颗粒方向分布仅有微小变化。但是在材料抗剪过程中,剪切面或破坏面上颗粒方向分布变化较大。造成试样整体颗粒方向分布变化较小的原因可能是由于剪切面或破坏面上颗粒的数目比较少,所以不足以引起试样总体颗粒方向分布发生较大变化。虽然剪切可以引起剪切面上颗粒旋转,对单独颗粒方向的影响较大,但是对整体颗粒方向的分布影响较小。由于椭球体轴与坐标轴一致的假设并不成立,所以在直剪条件下 a/b、b/c、a/c、a、b、c 没有意义。

5.4.3 接触参数分析

5.4.3.1 简介

从细观层面看,每个颗粒配位数、接触方向分布、接触法向力和切向力的大小和分布等,都是颗粒材料细观结构和细观力学的重要参数。配位数,也就是每个颗粒的平均接触颗粒数目,在之前的章节已经讨论过。为了进一步分析颗粒的细观结构和细观力学,下面讨论接触点法向量、接触法向力、接触切向力的分布。

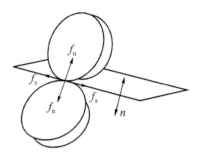

图 5.47　颗粒接触点处细观力学分析图解

(Bathurst 和 Rothenburg, 1990)

图 5.47 所示为颗粒材料接触点处细观力学分析图解,图中 n 为接触面的法方向,接触面的法方向即为接触方向,f_n 为法向力,f_s 为切向力。

当颗粒材料剪切变形时,主要承受剪切力,配位数、颗粒间接触方向、接触力都会发生变化。在不同的荷载作用下,接触方向和接触力的发展变化是不同的。通过对不同荷载作用下颗粒材料接触方向和接触力的分析,可以深入理解材料细观结构和细观力学特性。

5.4.3.2 接触点法方向分布

利用离散单元法数值模拟,可以很方便地获得颗粒间接触方向的信息。数值模拟分析中,可以获取任意应变状态下每一个接触点的接触单位法向量(x_c, y_c, z_c)。知道接触单位法向量后,接触方向在球形坐标系中可以表示为

$$\theta = \arctan\left(\frac{y_c}{x_c}\right) \tag{5.5}$$

$$\varphi = \arctan\left(\frac{z_c}{\sqrt{x_c^2 + y_c^2}}\right) \tag{5.6}$$

当每个接触方向已知时,采用与分析颗粒方向相同的方法,可以通过球形柱状图表示颗粒间接触方向的分布。采用 Leopardi(2006)提出的递归等面积球形分区法对单元球体进行分区。用接触方向位于每一立体角范围内的接触数占总接触数的百分数表示球形柱状图中该立体角方向的半径,便可得到接触方向分布的球形柱状分布图。

图 5.48 到图 5.53 所示为低围压下不同密实度试样在不同荷载条件下的接触方向分布的球形柱状分布图。与分析颗粒方向时相同,每幅图中包括三个垂直于不同坐标轴的平面图和一个三维立体图。y-z 平面图和 x-z 平面图表示竖直投影面上接触方向的分布,x-y 平面表示水平投影面上接触方向的分布。

用椭球对图 5.48 至图 5.53 所示的接触方向的分布进行拟合,从而可以用标量分析的方法来表示接触的主要方向分布。对接触方向分布各向异性程度的一阶量化分析时,首先要求出椭球的半轴比。图 5.54(a)、(b)、(c)所示分别为平面应变、三轴压缩和直剪条件下椭球的半轴长度比。a/b、b/c 和 a/c 分别对应于球形坐标中的 x-y、y-z、x-z 平面。椭球半轴长度随应变的变化见图 5.55。半轴长度的变化表示该方向上接触数目的变化。

首先对不同荷载条件下接触方向的分布进行总体分析可以看出,初始状态下,所有试样接触方向的分布都比较均匀(球形柱状图接近于球形)。当剪应变较大时(10%),平面应变试样和三轴压缩试样接触方向分布近似于花生形,而直剪试样接触方向分布近似于南瓜形且有一定角度的倾斜。

对于平面应变试样,在初始状态下,竖向和水平向的接触方向分布都比较均匀。当试样受剪后,竖直方向(第一主应力方向)的接触开始增加。水平平面上,第二主应力方向的接触增加,而第三主应力方向的接触减少。从图 5.55(a)可以看出,a、c 增加,b 减少。从图 5.55 所示的 a、b、c 的变化曲线可以看出,c 的曲线形状与第 4 章讨论的应力—应变曲线非常相似。也就是说,对于松散试样,c 一直增加,而对于密实、中密试样,刚开始加载时 c 增加,当应变大于 2%~4% 之间某一值时,c 开始减小。这一现象被认为是偏应力的增加和试样细观结构变化所导致的。当偏应力达到最大值之前,第一主应力方向的接触增加,也就是 Oda 和 Kazama(1998)提出的柱状构造开始发展。在柱状构造发展的过程中,第三主应力方向的接触减少,这与图 5.55 中 b 值减小相一致。Sitharam 等(2002)同样观察到第三主应力方向接触减少,而第一主应力方向的接触增加。当偏应力达到最大值后,试样开始进入软化阶段。柱状结构开始破坏,这就导致了第一主应力方向的接触开始减少。对于松散试样,因为没有柱状结构形成阶段也没有软化阶段,所以第一主应力方向的接触一直增加。另外一个值得注意的现象是参数 a 的曲线形状与参数 c 相似,这与第 4 章讨论过的第一主应力和第二主应力方向的应力—应变曲线非常相似的现象完全一致。

对于三轴压缩试验条件,密实试样和松散试样接触方向分布如图 5.50 和图 5.51 所示。与平面应变试验相似,在初始状态下,竖向和水平向的接触方向分布都比较均匀。随着加载的进行,竖直方向的接触越来越多,水平方向的接触越来越少。从图 5.55(b)中也可以看出,随着轴应变增加,c 增加而 a、b 减少。在试样受剪的过程中,第一主应力方向的接触越来越多,第三主应力(拉力)方向的接触越来越少。因为三轴压缩试样为扩散或鼓胀破坏,所以没有剪切带和柱状结构形成。所以参数 c 一直增加,没有减少。因为试样是轴对称的,所以在抗剪的过程中水平面上接触方向分布一直比较均匀。当应变较大时,接触方向分布为花生形,如图 5.50 和图 5.51 所示。这与其他学者的结论相一致(Rothenburg and Bathurst,1989;Ouadfel and Rothenburg,2001)。

直剪条件下密实试样和松散试样的接触方向分布见图 5.52 和图 5.53。在初始状态下,接触方向均匀分布。当试样受剪后,接触方向分布开始向花生形变化。值得注意的是,与平面应变条件和三轴压缩条件不同,直剪条件下椭球的半轴不再沿竖直或者水平方向,而是有一定角度的倾斜。这是一个重要的现象,说明在直剪条件下,某一个特定角度方向的接触变多。这一特定角度方向的接触的增加与法向力和切向力的分布有关,与主应力轴方向的旋转有关,这些内容会在后面加以讨论。

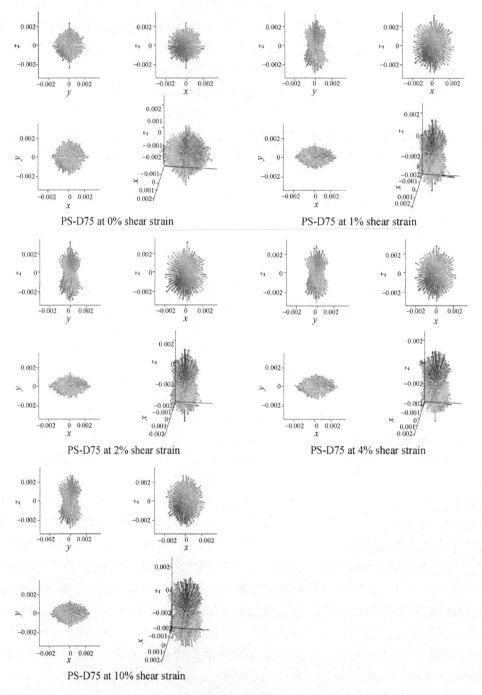

图 5.48　平面应变条件下密实试样(PS-D75)接触方向分布图

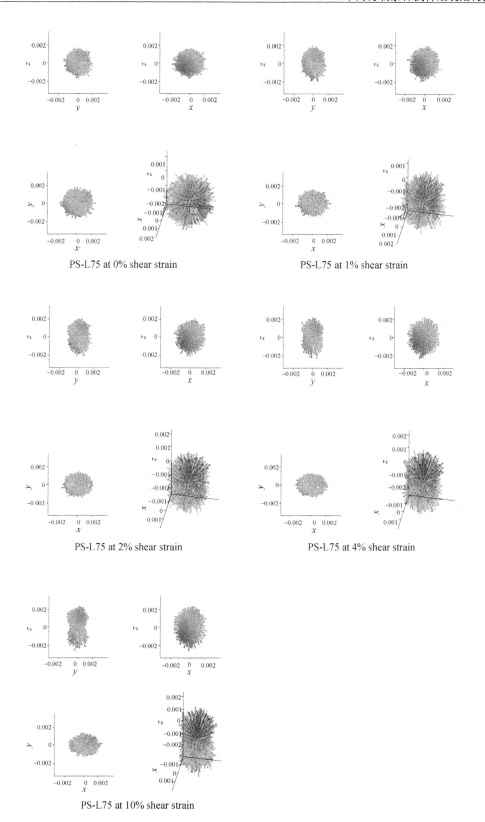

PS-L75 at 0% shear strain

PS-L75 at 1% shear strain

PS-L75 at 2% shear strain

PS-L75 at 4% shear strain

PS-L75 at 10% shear strain

图 5.49 平面应变条件下松散试样(PS-L75)接触方向分布图

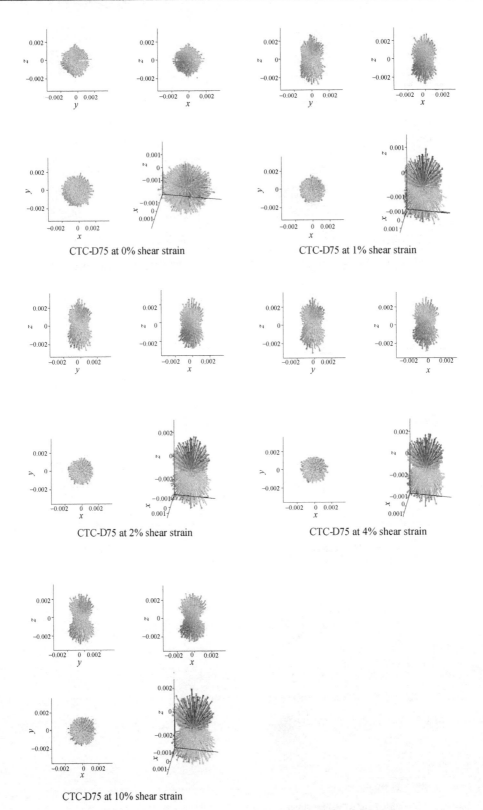

图 5.50　三轴压缩条件下密实试样(CTC-D75)接触方向分布图

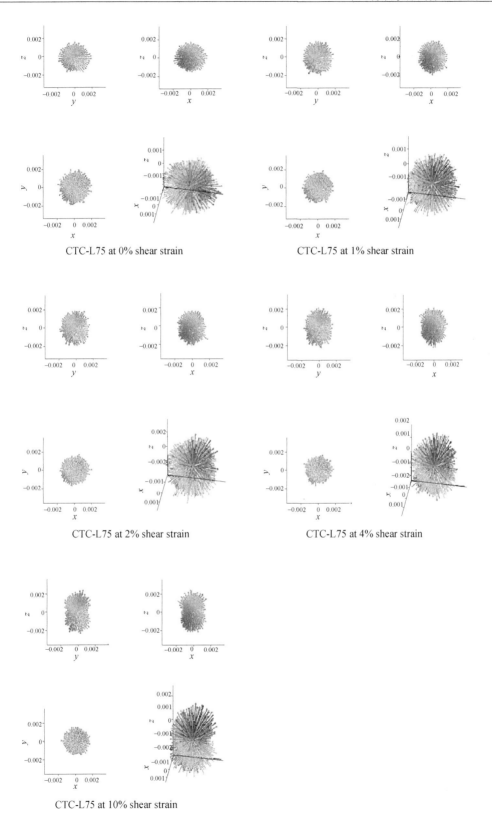

CTC-L75 at 0% shear strain

CTC-L75 at 1% shear strain

CTC-L75 at 2% shear strain

CTC-L75 at 4% shear strain

CTC-L75 at 10% shear strain

图 5.51 三轴压缩条件下松散试样(CTC-L75)接触方向分布图

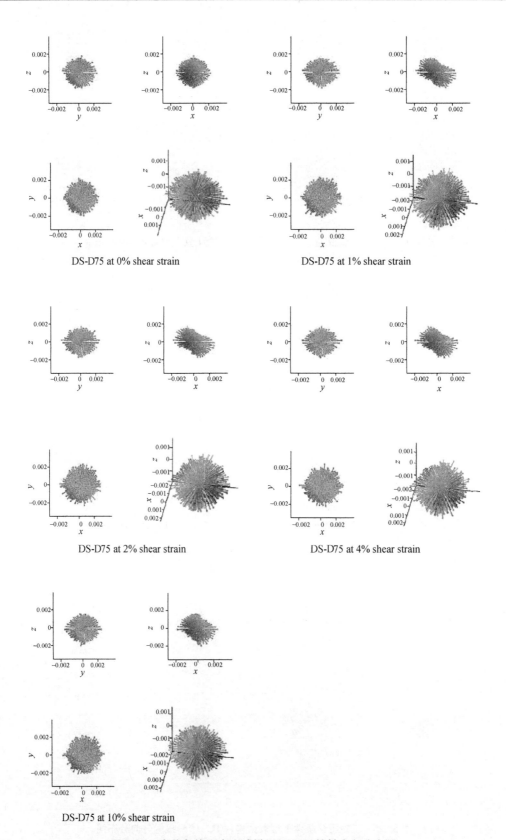

DS-D75 at 0% shear strain

DS-D75 at 1% shear strain

DS-D75 at 2% shear strain

DS-D75 at 4% shear strain

DS-D75 at 10% shear strain

图 5.52 直剪条件下密实试样(DS-D75)接触方向分布图

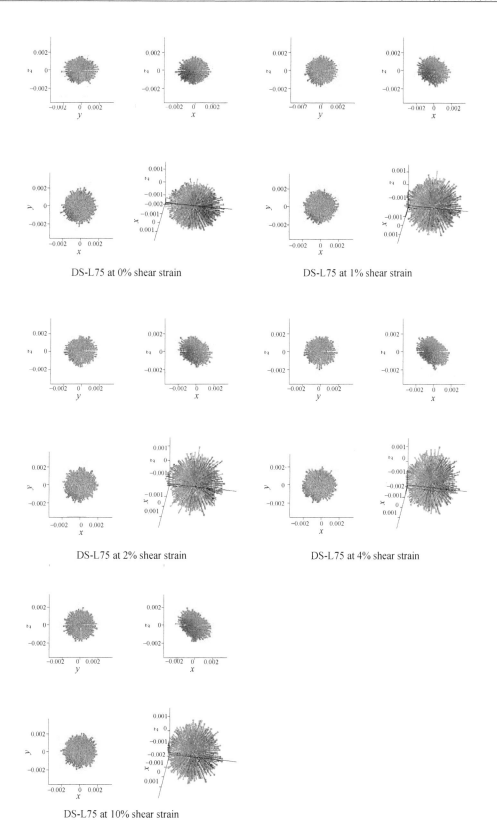

DS-L75 at 0% shear strain

DS-L75 at 1% shear strain

DS-L75 at 2% shear strain

DS-L75 at 4% shear strain

DS-L75 at 10% shear strain

图 5.53　直剪条件下松散试样(DS-L75)接触方向分布图

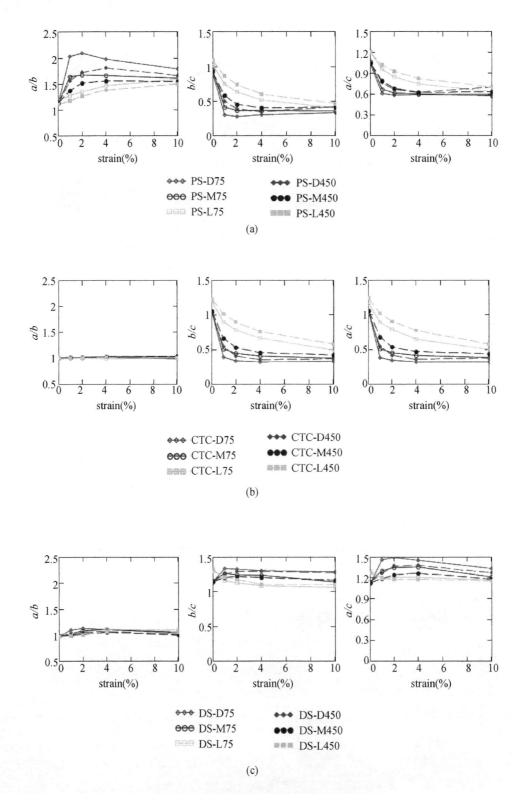

图 5.54 接触方向分布图拟合椭圆半轴比

(a)平面应变试样;(b)三轴压缩试样;(c)直剪试样

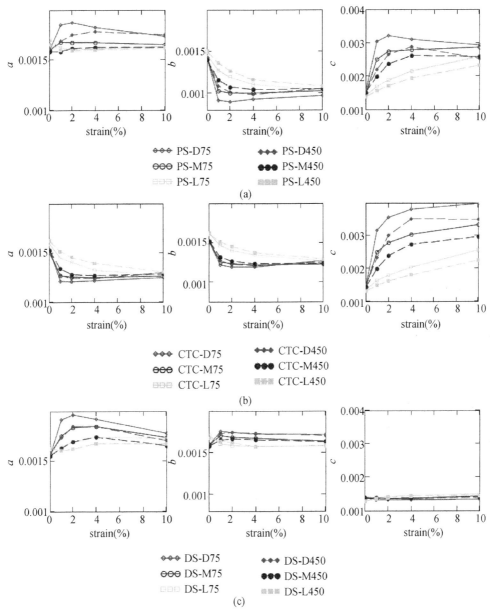

图 5.55 接触方向分布图拟合椭圆半轴长

(a)平面应变试样;(b)三轴压缩试样;(c)直剪试样

5.4.3.3 法向接触力分布

与接触方向一样,离散元数值模拟可以很方便地获得每个接触点处的法向力。因为每一方向角度范围(立体角)内的接触数目可以通过上一节的内容确定,该方向所有接触的法向接触力之和除以接触数目便可得到该方向的平均法向接触力。以该平均法向接触力作为球形柱状图中的半径,便得到法向接触力的球形柱状分布图。

图 5.56 至图 5.62 所示为低围压下(75 kPa)不同密实度的试样在不同荷载条件下的法向接触力的球形柱状分布图。每个图包括三个垂直于不同坐标轴的平面投影图和一个三

维立体图。拟合球形柱状图的椭球的半轴比 a/b、b/c、a/c 以及椭球半轴长 a、b、c 如图 5.62 和图 5.63 所示，通过这些参数研究法向接触力的分布特性。

首先，所有试样在初始状态下法向接触力分布图基本为球形。图 5.62 中 a/b、b/c、a/c 在应变为 0 时都近似等于 1，说明在初始状态下，试样均匀且各方向平均法向接触力相等。

在平面应变条件下，无论是密实试样还是松散试样，受剪后法向接触力分布从球形变化为花生形，且长轴方向与第一主应力方向一致。这与之前一些学者的结论一致（Ouadfel and Rothenburg, 2001; Sitharam et al., 2002）。但是，松散试样和密实试样法向接触力分布的变化过程并不一样。对密实试样，从图 5.56 可以看出，应变在 0～2％之间时，花生状分布图的长轴（大主应力方向）一直在变长，之后开始变短。这可以从图 5.63(a)更清楚地看出，当应变低于 1％～2％之间某一值时，c 值一直变大，但当应变达到约 4％时，c 开始减小。与密实试样不同，松散试样在受剪的过程中竖向法向接触力分布图的轴长度一直增加。这可以从法向接触力的柱状图 5.57 和椭球长轴变化图 5.63(a)看出。在图 5.63(a)中，松散试样的 c 值在整个受剪过程中一直增加。试样法向接触力的分布反映了试样的宏观应力—应变特性。对于密实试样，在破坏前或硬化阶段，偏应力增加。当偏应力达到最大值后，试样进入软化阶段，偏应力开始减小。但对于松散试样，偏应力一直增加，没有软化阶段。这些性质都可以从法向接触力分布图以及椭球长轴长度 c 的变化上看出来。另一个重要现象是水平面上法向接触力分布的变化，这与试样第二主应力的影响有关。椭球半轴 a（与第二主应力相对应）的变化与 c（与第一主应力相对应）相似。这一结论再次验证了第 4 章中第二主应力与第一主应力具有相似的应力—应变特性的结论。

三轴压缩条件下，试样在初始状态下的法向接触力的分布也比较均匀。试样受剪后，法向接触力的球形柱状分布图在竖向（第一主应力方向）的变化与平面应变试样相似。密实试样椭球的竖直方向半轴长度先增加后减小，而松散试样的竖向半轴一直增加。这与三轴压缩试样的应力—应变特性相一致。与平面应变试样不同，三轴压缩试样具有轴对称性，所以在试样抗剪过程中，水平方向的法向接触力分布始终基本均匀。这可以从图 5.58 和图 5.59 中看出，图中 x-y 面的分布图一直近似于圆形，且图 5.62(b)中 a/b 的值一直近似于 1。

对于直剪试样，初始状态下，法向接触力的分布同样是比较均匀的。当试样受剪后，法向接触力分布图从球形开始向花生形转变，且法向接触力分布图的轴方向开始有所倾斜。这与上一节中接触方向分布图中的变化相似，也与 Masson 和 Martinez（2001）和 Zhang 和 Thornton（2007）的二维离散元模拟结论相一致，他们发现直剪试样在临界状态下主应力和主应变的方向共轴，并与水平方向成 45°角。将法向接触力分布图与接触方向的分布图相比较，发现轴偏转几乎一致。这是因为在每个接触点处的法向力和该接触点的方向量本来就是一致的。在实验室直剪试验中，也观察到了主应力轴旋转这一重要现象（Rowe et al., 1964; Roscoe et al., 1967），但是还没有人从细观层面，通过接触力来证实主应力轴旋转。法向接触力分布与接触方向分布发生一致偏转，说明直剪试样受剪后第一主应力方向的接触增多。数值模拟很好地再现直剪试样中主应力轴旋转这一重要现象，说明本书数值模型的建立是合理正确的，从而可以从宏细观不同角度正确反映颗粒材料的行为特性。

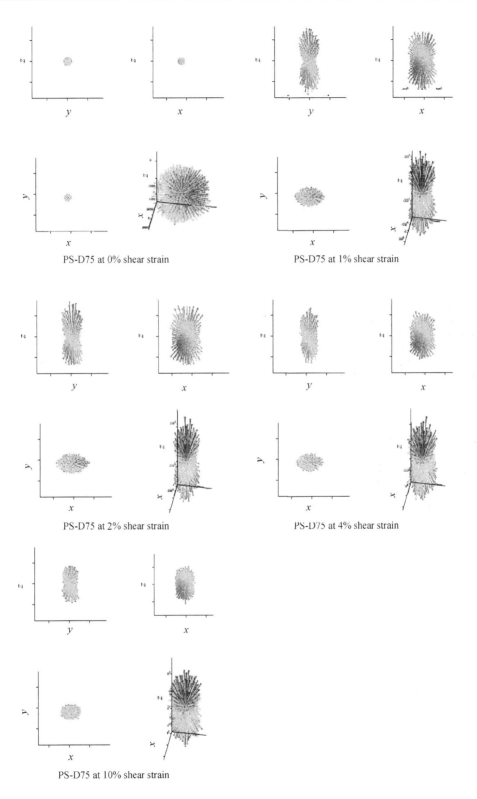

PS-D75 at 0% shear strain　　　　PS-D75 at 1% shear strain

PS-D75 at 2% shear strain　　　　PS-D75 at 4% shear strain

PS-D75 at 10% shear strain

图 5.56　平面应变条件下密实试样(PS-D75)法向接触力分布图

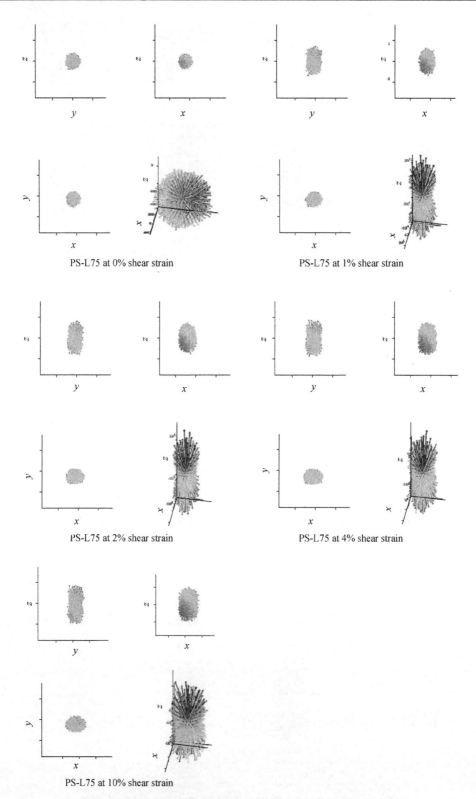

PS-L75 at 0% shear strain

PS-L75 at 1% shear strain

PS-L75 at 2% shear strain

PS-L75 at 4% shear strain

PS-L75 at 10% shear strain

图 5.57　平面应变条件下松散试样(PS-L75)法向接触力分布图

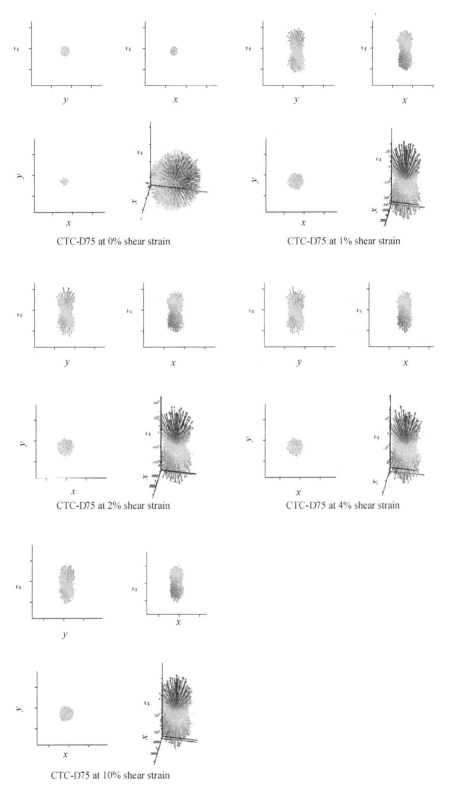

CTC-D75 at 0% shear strain   CTC-D75 at 1% shear strain

CTC-D75 at 2% shear strain   CTC-D75 at 4% shear strain

CTC-D75 at 10% shear strain

图 5.58　三轴压缩条件下密实试样(CTC-D75)法向接触力分布图

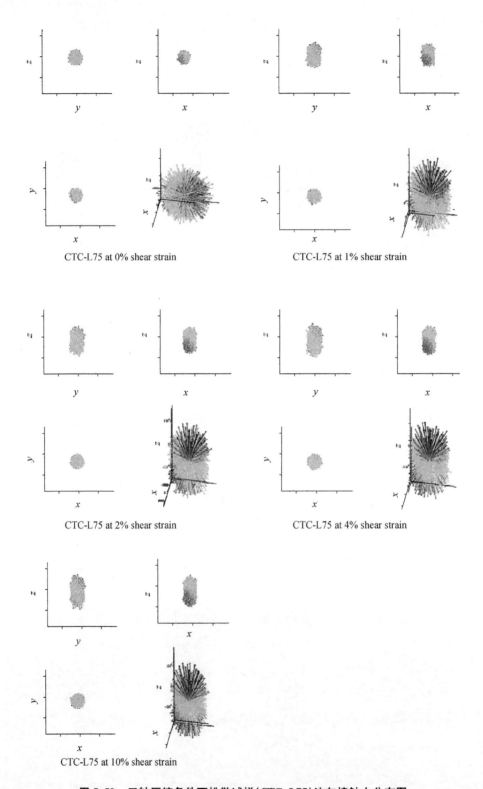

CTC-L75 at 0% shear strain　　　　CTC-L75 at 1% shear strain

CTC-L75 at 2% shear strain　　　　CTC-L75 at 4% shear strain

CTC-L75 at 10% shear strain

图 5.59　三轴压缩条件下松散试样(CTC-L75)法向接触力分布图

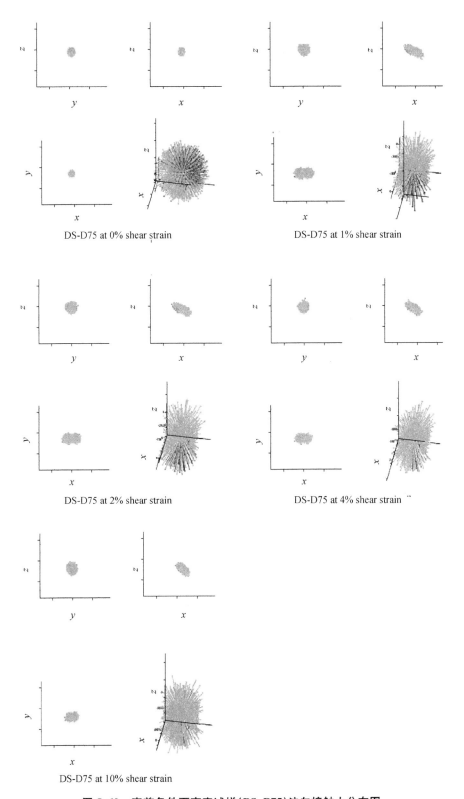

DS-D75 at 0% shear strain

DS-D75 at 1% shear strain

DS-D75 at 2% shear strain

DS-D75 at 4% shear strain

DS-D75 at 10% shear strain

图 5.60　直剪条件下密实试样(DS-D75)法向接触力分布图

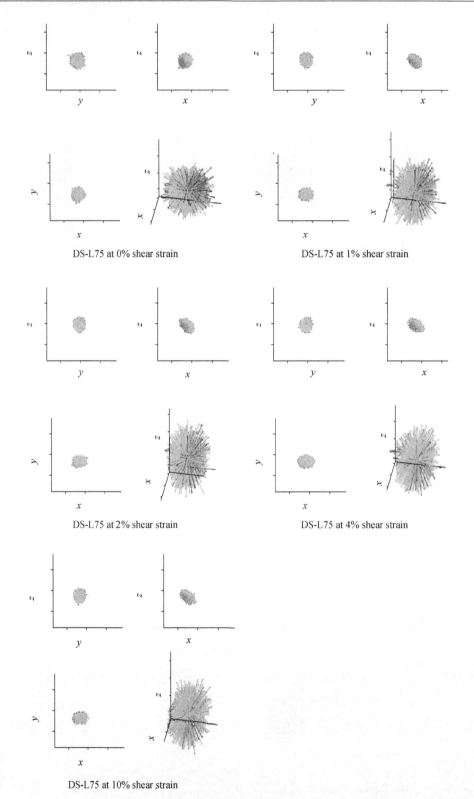

DS-L75 at 0% shear strain

DS-L75 at 1% shear strain

DS-L75 at 2% shear strain

DS-L75 at 4% shear strain

DS-L75 at 10% shear strain

图 5.61　直剪条件下松散试样(DS-L75)法向接触力分布图

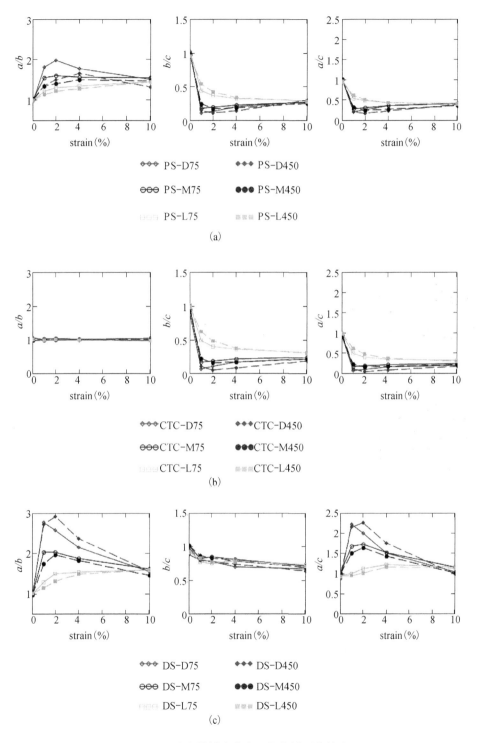

图 5.62 法向接触力分布图拟合椭圆半轴比

(a)平面应变;(b)三轴压缩;(c)直剪

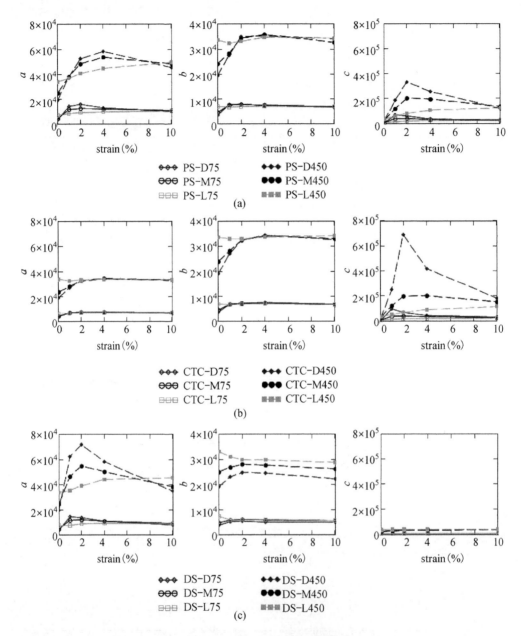

图 5.63 法向接触力分布图拟合椭圆半轴长

(a)平面应变;(b)三轴压缩;(c)直剪

5.4.3.4 切向接触力分布

采用与法向接触力分布相同的分析方法,对切向接触力的分布特点进行研究。图 5.64 至图 5.69 所示为低围压下(75 kPa)不同密实度的试样在不同荷载条件下切向接触力的球形柱状分布图。拟合椭球的半轴比 a/b、b/c、a/c 以及椭球半轴长 a、b、c 如图 5.70 和图 5.71 所示。

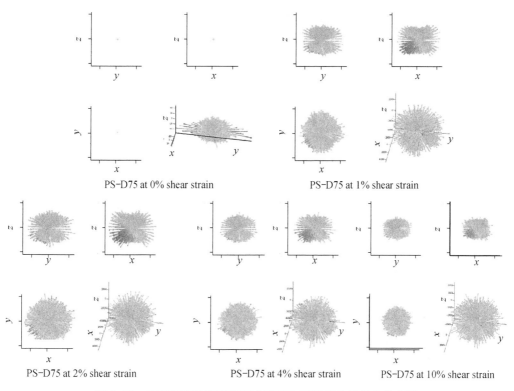

PS-D75 at 0% shear strain   PS-D75 at 1% shear strain

PS-D75 at 2% shear strain   PS-D75 at 4% shear strain   PS-D75 at 10% shear strain

图 5.64 平面应变条件下密实试样(PS-D75)切向接触力分布图

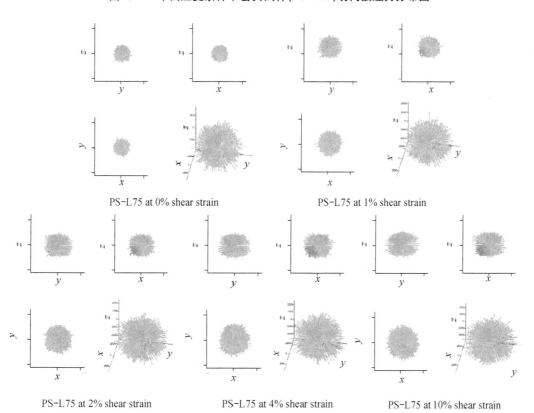

PS-L75 at 0% shear strain   PS-L75 at 1% shear strain

PS-L75 at 2% shear strain   PS-L75 at 4% shear strain   PS-L75 at 10% shear strain

图 5.65 平面应变条件下松散试样(PS-L75)切向接触力分布图

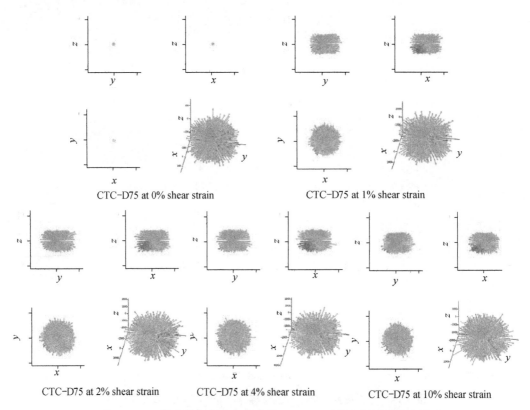

图 5.66　三轴压缩条件下密实试样(CTC-D75)切向接触力分布图

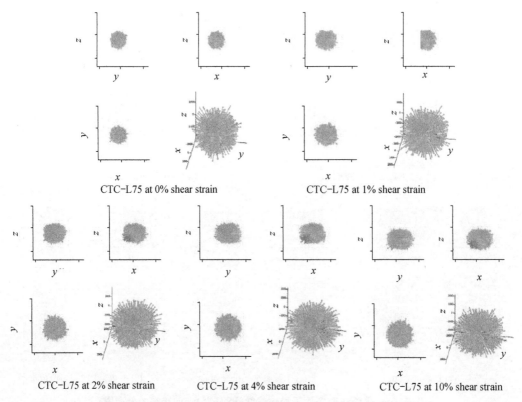

图 5.67　三轴压缩条件下松散试样(CTC-L75)切向接触力分布图

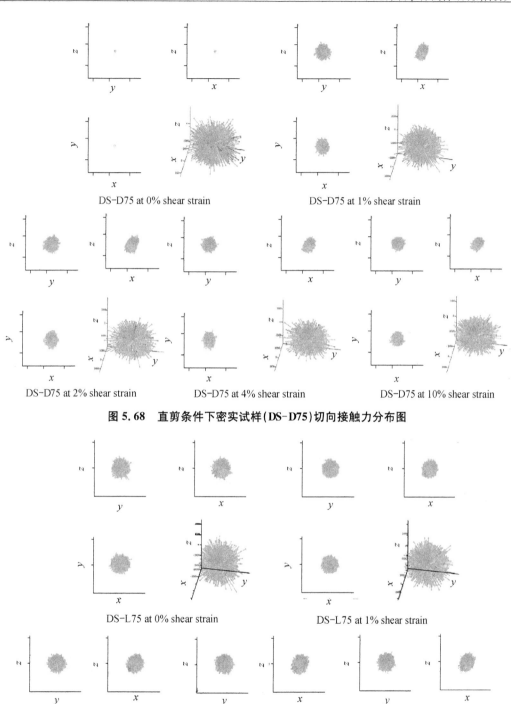

图 5.68 直剪条件下密实试样(DS-D75)切向接触力分布图

图 5.69 直剪条件下松散试样(DS-L75)切向接触力分布图

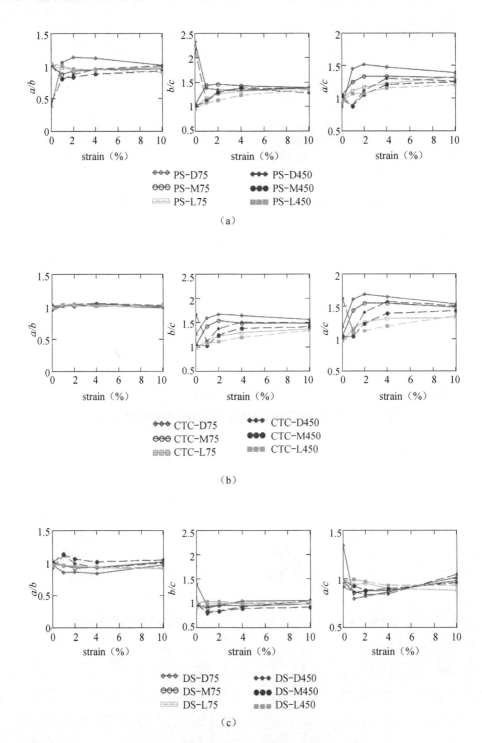

图 5.70　切向接触力分布图拟合椭圆半轴比

（a)平面应变；(b)三轴压缩；(c)直剪

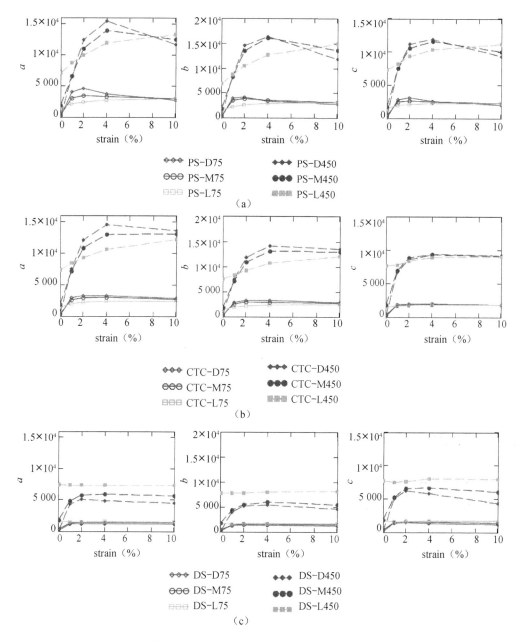

图 5.71 切向接触力分布图拟合椭圆半轴长

(a)平面应变;(b)三轴压缩;(c)直剪

　　首先分析试样在初始状态下切向接触力的分布。从图中可以发现,当应变为 0 时,平面应变、三轴压缩、直剪试样的切向力都很小。通过比较可知,松散试样的切向力相对比较大一点,这可能是由于生成颗粒时摩擦系数不同导致的。第 3 章中提出,为了生成不同密实度的试样,在生成颗粒时给颗粒赋予不同的摩擦系数。将密实试样的颗粒摩擦系数在生成时设为 0,将松散试样的颗粒摩擦系数设置为很大。虽然颗粒摩擦系数在试样生成后会设置为真实大小,但因为松散试样在生成时的摩擦系数比密实试样高,所以松散试样中还是会形成比密实试样大的咬合切向力。

其次,对应变较大时平面应变、三轴压缩试样切向接触力的分布进行总体比较分析。从图中可以看出,无论是平面应变试样还是三轴压缩试样,当试样受剪后,切向力柱状分布图变为南瓜形。这与之前的一些二维数值模型(Rothenburg and Bathurst,1989)和三维立方体数值模型(Ouadfel and Rothenburg,2001;Sitharam et al.,2002)的结论不一致。之前的研究采用傅里叶拟合法和调和函数分析切向力分布,研究结果是在应变较高时切向力的分布呈哑铃形。造成这一差别的原因有很多,如模型维度的不同、试样形状不同、加载方案不同、拟合方法不同等。

第三,直剪试样切向接触力分布图的坐标轴同样与初始定义的坐标轴方向不同,坐标轴发生旋转。前一节曾提到过,法向接触力分布图的旋转角度与接触方向分布图的旋转角度非常接近。但是将图 5.68 和图 5.69 与图 5.52 和图 5.53 相比较可以发现,切向接触力分布图的轴方向近似垂直于法向接触力分布图的轴方向。这同样证实了直剪条件下试样主应力发生旋转的现象。

第四,结果发现,平面应变和三轴压缩条件下,法向接触力分布图拟合的椭球半轴长 a、b、c 随应变的变化规律与第 4 章讨论的应力—应变关系曲线一致,即在三个主应力方向上,密实试样和中密试样的切向力都是先增加后减小,但是松散试样切向力一直增加,没有减小。

5.5 总结

本章主要对不同荷载条件下颗粒土的细观结构和细观力学进行研究,从试样尺度和颗粒尺度两个方面对颗粒试样的行为特性进行分析。采用统计分析法,研究颗粒方向的分布和颗粒的接触特性,对三维条件下接触方向、法向接触力、切向接触力等接触特性进行深入的讨论。

对试样尺度的分析,讨论了试样在不同荷载条件下的破坏形式。结果表明,本书的数值模拟得到了与实验室基本一致的试样变形形式。采用球形分区法,研究颗粒集合体的孔隙比和配位数。根据模拟结果,绘制了不同密度试样在不同荷载条件下不同应变时的孔隙比云图,通过孔隙比的变化分析了不同荷载条件下试样细观结构的发展变化。研究了不同密实度的试样在不同荷载条件下的试样整体孔隙比和配位数与宏观行为特性(强度、体积变化)的关系。

对颗粒尺度的研究包括颗粒旋转和颗粒位移的分析。分析了不同密实度试样在不同荷载条件下最终应变状态时的颗粒旋转分布。绘制了不同条件下的试样在不同应变状态时颗粒的旋转云图和位移云图。通过对颗粒旋转和颗粒位移的讨论,对试样内部剪切带、扩散变形、破坏面等细观结构的变化进行了深入的分析。结果表明,颗粒旋转和颗粒位移与材料强度有密切的关系。

采用数据统计分析的方法,对颗粒方向和接触特性进行分析研究。采用三维球形柱状图表示颗粒方向分布,并用椭球对颗粒分布图进行拟合。用椭球半径长度以及椭球半轴长的比值来表示颗粒方向分布的各向异性。接触特性,包括接触方向、法向接触力、切向接触力,采用与分析颗粒方向相同的方法,绘制不同密实度试样在不同的荷载条件下这些参数的球形柱状分布图。通过接触特性的分析,揭示试样宏观应力—应变特性(试样硬化和软化)与细观结构(剪切带中柱状结构的形成与破坏)之间的关系。观察到了直剪试验中的主应力轴旋转现象。结果表明,离散元数值模型能够正确合理地反映颗粒材料的宏观和细观特性。

6 体视学分析

6.1 简介

随着现代科学技术的发展,人们越来越认识到土体细观特性的重要性。细观结构和细观力学被认为是颗粒土宏观特性和工程性质的根本内在决定性因素。之前对颗粒土细观结构研究的主要方法有试验法和数值模拟法。试验法主要有两种,包括 X 射线断层图像法(Desrues et al., 1996)和试样固化切片法(Kuo and Frost, 1996)。这两种方法各有优缺点,相对来说 X 射线断层图像法更为常用。X 射线断层图像法的缺点是分辨率不够高,尽管目前分辨率已经有所提高(Batiste et al., 2004),但是很多时候还是不能够从颗粒尺度层面对土体特性进行研究。数字图像分析法具有足够的分辨率,可以从颗粒尺度或更小尺度进行研究,但是这种方法的操作非常复杂繁琐。一些学者用这种方法对剪切带的开展(Oda and Kazama, 1998)、试样受剪时细观结构的发展变化(Frost and Jang, 2000)、试样的均匀性(Kuo and Frost, 1996)、破坏时试样的细观结构(Jang and Frost, 2000)等进行了研究。虽然数字图像技术是二维分析方法,但是采用定量体视学方法可以严格明确地从试样的二维平面分析获得三维立体结构性质,这种方法的基础是 Hilliard(1968)提出的体积分量与相应面积分量的等效转换算法。

计算机技术和计算能力的飞速发展为离散元数值模拟的应用提供了极大的便利,也推进了实验室对细观结构的定量化体视学分析技术的发展。已有不少学者对颗粒材料的细观结构进行了二维(Cundall, 1989；Rothenburg and Bathurst, 1992；Kuhn, 1999)和三维(Ouadfel and Rothenburg, 2001；Powrie et al., 2005)离散元数值模拟。也有学者采用数字图像技术对二维的离散元数值模拟结果进行了试样细观结构的分析研究(Evans, 2005),但是对三维离散元模拟结果进行体视学分析的研究还不多见。

实验室模型试验和数值模拟是两种主要的研究方法,但很少有学者把这两种方法结合起来进行研究。有的学者主要对比例放大的二维物理模型试验进行了研究(O'Sullivan et al., 2002b),也有的学者对非土体材料进行了三维室内模型试验(Ng and Wang, 2001；O'Sullivan et al., 2002a),另外一些学者主要采用数值模拟的方法,建立了二维离散元模型来模拟分析颗粒土的三维细观结构。但这些已有的研究都有一定的不足之处,比如模型中颗粒太少、使用非土体材料、维度不匹配等。目前,将试验数据和数值模拟数据进行统一分析的主要困难是实验室测得的试样特性参数与数值模拟测得的数据不完全匹配,特别是实验室试验与数值模拟采用或得到的细观结构参数不一致。在实验室试验中,通过静态测量可以获得的颗粒参数有局部孔隙比、颗粒方向、平均自由程、中尺度孔隙比等。而数值模拟还可以获得除了这些参数外的一些室内试验无法测得的参数,如每个颗粒的旋转、法向接触力、切向接触力以及配位数等。尽管可以在数值模拟中模拟实验室试验的测量方法，但是由于在获取这些数据之前还需要大量的后处理，所以之前的研究很少综合采用实验室试验与数值模拟方法进行分析。

本章对三维颗粒集合体数值模型采用与室内试验相同的切片分析法进行分析。这一方法类似于实验室中的固化切片法，通过对数值模型进行模拟切片，对模拟切片数据进行数字图像分析，计算模拟试样的孔隙比。通过这种方法，可以获得颗粒材料的中尺度结构特性，包括孔隙比和平均自由程。由于离散元模型可以确定每个颗粒的位置以及颗粒的直径，某一指定平面相交的颗粒可以确定，相交颗粒的几何特性可以求得，由此，可以分析试样内颗粒方向的分布。数值模拟的切片法与实验室的固化切片法相比，减少了试验过程中的不确定性，提高了获取数据的准确度。

因此，可以对三维数值模型采用与实验室试验相同的体视学分析法。通过对实验室试验和模拟试验的对比分析，可以从不同尺度（细观、中尺度、宏观）对离散元模型进行修正。如果离散元数值模型的建立正确合理，与试验试样提到的行为特性相一致，便可以通过离散元模型进一步获得一些实验室试验很难或无法测得的数据。

6.2　图像生成方法

6.2.1　试验分析法模拟

实验室采用数字图像分析法分析材料的细观结构主要有两个步骤：一是图像生成；二是根据图像和定量体视法来分析研究试样的细观结构特性。在第一步图像生成过程中又包括很多步骤，这些步骤中每一步都会对分析结果的准确性产生很大影响。Evans(2005)详细介绍了室内试验中图像生成的细节，这里只做简单概括。

室内试验分析法中，生成图像主要有四个步骤：①试样准备。制备指定孔隙比的均匀试样，并在指定围压下进行固结（直剪条件下为指定的竖向压力或荷载）。②试样加载。试样加载至指定的应变状态或应力状态，比如达到峰值强度或临界稳态状态。③试样浸渍固化。使用环氧树脂对试样进行浸渍和固化，保持试样的孔隙比。④试样切片及图像采集。当试样固化之后，对其进行切割、研磨、抛光，形成所需切面。切面的制备是图像生成过程中最关键的一步，它的质量决定了图像分析结果的准确性。切面制备完成后，用与光学显微镜连接的数码相机拍下图像，图像生成完成。

从上述步骤可以看出，室内试验中生成图像的过程既复杂又耗时。比如，在试样达到指定的应力状态或应变状态后，如果在试样固化或者切面制备时的任一过程出现问题，那么之前的工作全部无效。另外，如果要考虑不同的条件和不同参数因素的影响，比如荷载条件、初始孔隙比、围压等，需要进行一系列大量的试验，试验数目太多。还有一个重要问题，在研究试样受剪过程中细观结构的变化时，需要研究初始状态"相同"的试样在不同的应变状态下试样的变化。但事实上，在室内试验中不可能制作出完全"相同"的初始试样，而只能是统计意义上的相似试样。而所有这些问题，都可以在数值模拟分析中得以解决。

6.2.2 RENCI 三维切片法

为了模拟室内试验中的试样固化—切片—图像生成过程,研究开发了一个 RENCI (R3S)程序,该程序可以对任意不规则的三维模型进行虚拟三维切片过程。采用该程序可以对离散元模拟颗粒材料模型进行切片分析,从而可以将数值模拟结果与实验室的固化切片法获得的图像进行直接对比。

研究中,试样为球颗粒集合体,颗粒数据由质心所在的位置坐标(x, y, z)和其半径r组成。基于这些数据,可以采用构造实体几何法(Constitutive Solid Geometry, CSG)(Laidlaw et al., 1986; Foley, 1995),简单清楚地表示球和平面。Visualization Toolkit(VTK)(Schroeder et al., 1998; Avila and Kitware, 2006)是一个功能强大的面向对象型的开放源代码软件,可以使用 VTK 可视化编辑和处理图像。R3S 便是基于 VTK 在 Ubuntu Linux 操作系统中用 C++ 程序模拟室内试验中的试样固化、切片及图像生成过程。使用 R3S 程序生成的三维颗粒集合体及对此集合体进行切割形成的切面图像示例如图 6.1(a)和(b)所示。

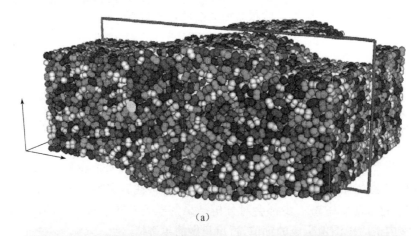

(a)

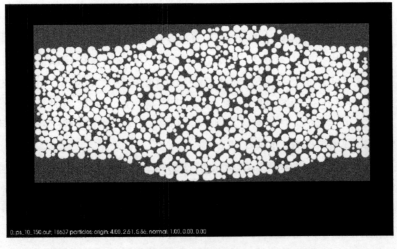

(b)

图 6.1　三维颗粒集合体及切面图像

(a) 三维颗粒集合体 R3S 生成图;(b) 切面图像示例

6.2.3 几何切片算法

除了使用 R3S 程序,另一个生成切片图像的方法是采用几何算法计算得到切片图像。几何切片法非常直接明了,一个球体可以用其球心坐标(x_0, y_0, z_0)和半径R_0定义为:

$$(x - x_0)^2 + (y - y_0)^2 + (z - z_0)^2 = R_0^2 \qquad (6.1)$$

已知平面上一点(x_1, y_1, z_1)与平面的非零法向量(a, b, c),则该平面可以定义为:

$$a \cdot x + b \cdot y + c \cdot z + d = 0$$
$$d = -a \cdot x_1 - b \cdot y_1 - c \cdot z_1 \qquad (6.2)$$

则球心到所定义平面的距离可以计算得到:

$$D = \frac{a \cdot x_0 + b \cdot y_0 + c \cdot z_0 + d}{\sqrt{a^2 + b^2 + c^2}} \qquad (6.3)$$

比较球体半径R_0和球心到平面的距离D,如果$D > R_0$,则该球体与平面不相交;如果$D < R_0$,则该球与平面相交,相交图形为一实心圆。该实心圆的圆心和半径都可以通过计算求得。采用这种几何算法,试样切面的图像便可通过筛选出与平面相交的球,然后再在该平面上表示出所有相交实心圆的方法得到。

在几何切片法中,首先根据单位法向量以及平面到原点的距离来定义切割平面。然后,为了方便,定义相对于切割面的坐标系。通过球心到切割面的距离和球半径的关系确定与平面相交的球体。如果球心到切割面距离小于球体半径,那么球体与切割面相交并在切割面上形成一个实心圆。如果球心到切割面距离大于球体半径,那么球体与切割面不相交。对于与切割面相交的所有球体,球体被切割面切割形成的实心圆的圆心坐标和半径可以通过计算得到。最后,根据切割面上的实心圆的圆心坐标和半径便可绘出切面图。

虽然可以在试样内选择任意位置任意方向的切面,但是研究选用试样细观结构分析时所采用的中心平面为切面。平面应变试验采用与第二主应力方向垂直的中心平面为切割面,三轴压缩试验采用通过圆柱轴线的竖直平面为切割面,而直剪试验采用沿着剪切方向但垂直于剪切带的中心平面为切割面。除此以外,为了忽略试样边界效应的影响,对原始图像进行裁剪,取切面图形的中间部分进行数字图像分析。考虑到不同试验数值模型的初始及最终尺寸的大小,平面应变、三轴压缩、直剪试验的图片尺寸分别定为 5 200×1 600、5 200×2 600、3 000×2 000 像素。图 6.2 为通过几何切片法绘出的原始试样切割图像以及剪切后的图像。

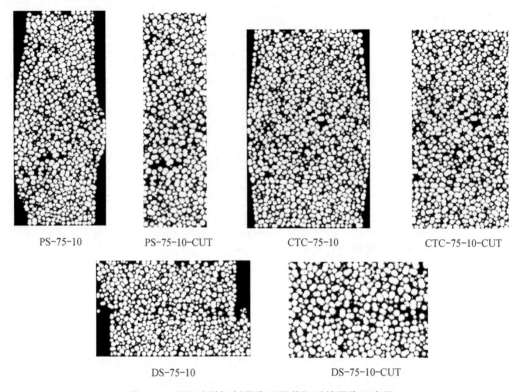

PS-75-10   PS-75-10-CUT   CTC-75-10   CTC-75-10-CUT

DS-75-10   DS-75-10-CUT

图 6.2   原始试样切割图像以及剪切后的图像示意图

6.3   局部孔隙比分布

6.3.1   综述

无论是在岩土工程设计中还是在土体宏观性能的研究中,孔隙比都是非常重要的参数。随着对土体细观结构和细观力学的深入研究,人们发现孔隙比不是一个单一值的参数,而是具有尺度效应的参数(Frost and Jang,2000)。比如,平面应变试验中,试样剪切带中的孔隙比与剪切带以外部分的孔隙比以及试样整体孔隙比不同,而剪切带对试样的宏观行为特性具有决定性作用。所以,在使用单一孔隙比或试样整体孔隙比时要非常慎重,而考虑局部孔隙比分布对工程性质或土体宏观性能的影响则更为重要。之前已有学者对某一荷载条件,如三轴压缩条件下(Kuo and Frost,1996;Desrues et al.,1996;Frost and Jang,2000)或平面应变条件下(Oda and Kazama,1998;Evans,2005)试样的局部孔隙比特性进行过分析研究,研究方法主要有计算断层扫描法和数字图像分析法。但是很少有学者对不同荷载条件下试样的局部孔隙比分布进行比较分析,从而对不同荷载条件下试样的不同行为特性进行分析解释。

如之前讨论过的,Oda(1976)提出了研究局部孔隙比分布的分析方法,如图 2.1 所示。

在 Oda 的方法基础上,Kuo(1994)编写了图像处理与分析的程序。Frost 和 Kuo(1996)又采用形态学方法和多边形网格法对程序进行了改进,使图像处理与分析实现了自动化。本节在这些计算方法的基础上加以改进和修正,编写了 Matlab 计算程序。多边形网格和形态处理的详细介绍参见上述参考文献。

多边形网格划分好之后,便可通过计算获得图形的局部孔隙比。但是,正如 Kuo(1994)提出的,只有当所有多边形的固体面积相等或者孔隙比相等时,由整个图片计算得到的整体孔隙比才能和从所有多边形孔隙比算出的平均局部孔隙比相等,而这一假设在真实土体中并不成立。这可以从平均局部孔隙比和整体孔隙比的计算公式得到验证。平均局部孔隙比计算公式为

$$e_{\text{mean}} = \frac{1}{n}\sum_{i=1}^{n}e_i = \frac{1}{n}\sum_{i=1}^{n}\frac{A_{v_i}}{A_{s_i}} \tag{6.4}$$

式中,n 为多边形数目,e_i 为第 i 个多边形孔隙比,A_{v_i} 和 A_{s_i} 分别是第 i 个多边形的孔隙面积和固体面积。整体孔隙比计算公式为

$$e_{\text{image}} = \frac{A_v}{A_s} = \frac{\sum_{i=1}^{n}A_{v_i}}{\sum_{i=1}^{n}A_{s_i}} \tag{6.5}$$

式中,A_v 和 A_s 分别是整个图像的孔隙面积和固体面积。比较式(6.4)和式(6.5)可知,只有对于所有 i 都有 $A_{s_i}=A_{s_{i+1}}$ 时,平均局部孔隙比和整体孔隙比才会相等。所以,Kuo(1994)提出了"固体面积加权局部孔隙比"。每个多边形的局部孔隙根据其固体面积占总固体面积的比重计算得到,公式(6.4)变为

$$e_{\text{weighted}} = \frac{\sum_{i=1}^{n}A_{s_i}\cdot e_i}{A_s} = \frac{\sum_{i=1}^{n}A_{s_i}\cdot\frac{A_{v_i}}{A_{s_i}}}{A_s} = \frac{A_v}{A_s} \tag{6.6}$$

式中,e_{weighted} 是固体面积加权平均孔隙比。通过这种方法,由整个图片计算得到的整体孔隙比与通过多边形计算得到的平均孔隙比才能相等。本书采用固体面积加权局部孔隙比。

6.3.2 局部孔隙比统计分析

将统计学方法应用于局部孔隙比分布的分析研究中,根据加权孔隙比对统计参数进行修正。

平均值 μ:

$$\mu = \frac{\sum_{i=1}^{n}A_{s_i}\cdot e_i}{A_s} \tag{6.7}$$

标准差 σ:

$$\sigma = \sqrt{\frac{\sum_{i=1}^{n}A_{s_i}\cdot(e_i-\mu)^2}{A_s}} \tag{6.8}$$

偏度 β_1：

$$\beta_1 = \frac{\sum\limits_{i=1}^{n} A_{s_i} \cdot \frac{(e_i - \mu)^3}{\sigma^3}}{A_s} \tag{6.9}$$

峰度系数 β_2：

$$\beta_2 = \frac{\sum\limits_{i=1}^{n} A_{s_i} \cdot \frac{(e_i - \mu)^4}{\sigma^4}}{A_s} \tag{6.10}$$

式中，A_{s_i}、e_i、A_s 分别为第 i 个多边形中土颗粒面积，第 i 个多边形的孔隙比和整体图形的土颗粒面积，n 为多边形数目。偏度表征数据相对于平均值的不对称性。偏度为 0，表示数据关于平均值对称分布；偏度为正，表示数据分布的峰值向左偏移，分布长尾向右侧延伸；偏度为负，表示数据分布的峰值向右偏移，分布长尾向左侧延伸。峰度系数表征数据相对于正态分布曲线的平缓程度或陡峭程度。峰值为正，说明数据分布比较集中陡峭；峰值为负，说明数据分布比较均匀。

6.3.3　局部孔隙比统计模型

统计模型用来表征局部孔隙比的分布情况。对数值模拟数据的局部孔隙比分布建立统计模型，主要有三个步骤：选择分布函数，选择拟合方法，测试所选分布函数和拟合方法的拟合度。Pearson 和 Hartly(1954)提出了 Pearson 概率图，Harr(1988)建议用该图选择分布函数，许多学者采用了这一方法(Evans，2005)。本书也采用这种方法来选择分布函数。Pearson 概率图中，纵坐标为峰度系数，横坐标为偏度平方，选用不同分布函数将坐标区划分为多个区域，根据所给数据在 Pearson 概率图中的分布位置便可以选择合适的分布

函数。图 6.3 所示为 Pearson 概率分布图，以及数值模拟的孔隙比分布统计参数的分布情况。从图中可以看出，伽马分布和对数正态分布与局部孔隙比的拟合度较高。

分布函数确定之后，对数据分布拟合的方法通常有三种：最大似然估计法、概率分布函数直方图拟合、累积分布函数拟合。最大似然估计法受离散数据的影响较小，且函数参数慢慢逼近直方图中真值。考虑到试样尺寸和数据量较大，本书采用最大似然估计法。

最后，采用 Finkelstein 和 Schafer(1971)提出的 Kolmogorov-Smirnov-type 检验法来检验选定的分布函数及拟合方法的拟合度。

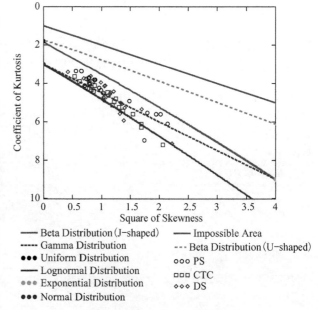

图 6.3　Pearson 概率分布图

Kolmogorov-Smirnov 检验主要评估 L_∞ 值,该值是真实值与计算值的最大绝对差。

基于以上讨论,本书选择伽马分布函数,采用最大似然估计对数据进行拟合。通过 Kolmogorov-Smirnov 法检验数据拟合度。直方图的概率分布拟合图示例见图 6.4。

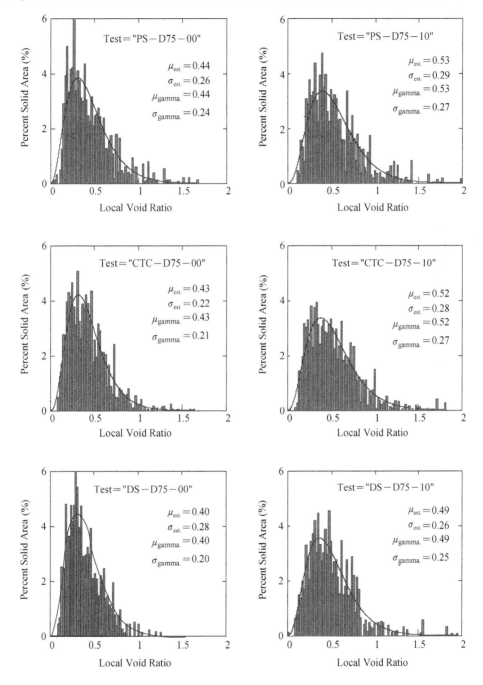

图 6.4　直方图概率分布拟合图示例

6.3.4　不同荷载条件下的局部孔隙比分布

6.3.4.1　介绍

局部孔隙比直方图用分布函数拟合以后,局部孔隙比分布的特征可以根据分布曲线的形状反映出来。图像上纵坐标最大值对应的横坐标表示具有最高百分比的局部孔隙比,就是指试样中大部分局部孔隙比接近此值。从分布曲线的形状可以看出局部孔隙比的分布特点。分布曲线的平缓可以反映试样中局部孔隙比分布的均匀性,分布曲线越平缓表示同一试样中局部孔隙比的值的范围越大,说明局部孔隙比分布越不均匀。分布函数曲线越窄说明局部孔隙比的值都比较接近,分布比较均匀。最极端的情况是如果试样完全均匀,局部孔隙比处处相等,则分布函数的形状变成一条竖直的线。通常情况下,分布函数峰值越低曲线越平缓。局部孔隙比的分布曲线与土体颗粒级配曲线的概念相似。

6.3.4.2　平面应变试验的局部孔隙比分布

平面应变条件下密实、中密、松散试样的局部孔隙比分布曲线分别如图 6.5、图 6.6、图 6.7 所示。从图中可以发现,随着轴应变增加,数据分布向右偏移,这表示在试样受剪过程中大部分局部孔隙比增加。这一结论与密实试样受剪时发生体积膨胀相一致。随着轴应变的增加,局部孔隙比峰值(最大百分比)减少,这表明局部孔隙比均匀度减小,孔隙比大小差距扩大,分布更不均匀。随着轴应变增加,小的局部孔隙比百分数降低,大的局部孔隙比百分数增加,表明整体孔隙比增加,试样膨胀。另外值得注意的是,当轴应变达到 2% 之前,孔隙比分布的变化较小,当轴应变介于 2%～4% 之间某一值时,孔隙比分布发生突变或变化较大。这一现象的发生与剪切带的形成有关。之前有学者通过实验室分析(Evans,2005)或数值分析(Iwashita and Oda,2000)研究发现,当轴应变达到 2%～4% 之间时剪切带开始形成。这也在第 5 章的颗粒旋转特性中得到进一步的验证,颗粒旋转分析表明,当轴应变在 2%～4% 之间时,剪切带内颗粒的旋转与剪切带外差别大,说明剪切带开始形成。从图 6.6 可知,中密试样局部孔隙比分布与密实试样相似,随着轴应变增加,局部孔隙比分布曲线向右偏移,并且百分比峰值减小。中密试样与密实试样局部孔隙比分布曲线的区别主要是在轴应变达到 2%～4% 之间时,分布曲线并没有明显变化,表明中密试样在应变达到 2%～4% 之间时,应变局部化现象不如密实试样那么明显。第 5 章中也曾经提到过,中密试样在应变达到 2%～4% 之间时,从颗粒方向分布图上不能像密实试样那样明显看出有剪切带的形成。松散试样(图 6.7)与中密试样和密实试样最大的区别是当轴应变增加时峰值增加。这表明当轴应变增加时,试样内局部孔隙比的值更加接近,也就是说局部孔隙比分布更加均匀。另一个与密实试样相似但与中密试样不同的是,局部孔隙比分布图在应变达到 2%～4% 之间时有一个突变,但这一变化不一定表明剪切带的形成,因为在本书和之前的相关研究中,松散试样在应变达到 2%～4% 之间时宏观特性并没有较大变化,也没有观察到剪切带的形成。

图 6.8、图 6.9、图 6.10 为密实、中密、松散试样在不同应变时孔隙比的分布对比,从图中可以看出试样越松散孔隙比分布图形越偏向于右边且峰值越小。这表示密实试样比松

散试样局部孔隙比分布更加均匀,且密实试样的平均孔隙比小于松散试样。从图6.8至图6.10中还可以发现,围压的大小影响局部孔隙比分布,在密实、中密试样的整个加载过程中,围压越大峰值越大(越多局部孔隙比具有相似值),峰值对应的孔隙比越小。这表明围压越大,试样越均匀密实。松散试样高围压和低围压下局部孔隙比分布图区别不大,因此围压的大小对松散试样局部孔隙比分布的影响较小。

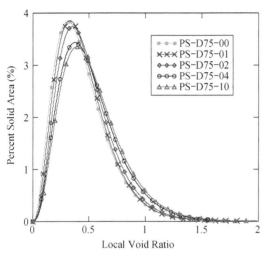

图6.5 平面应变条件下密实试样(PS-D75)局部孔隙比分布图

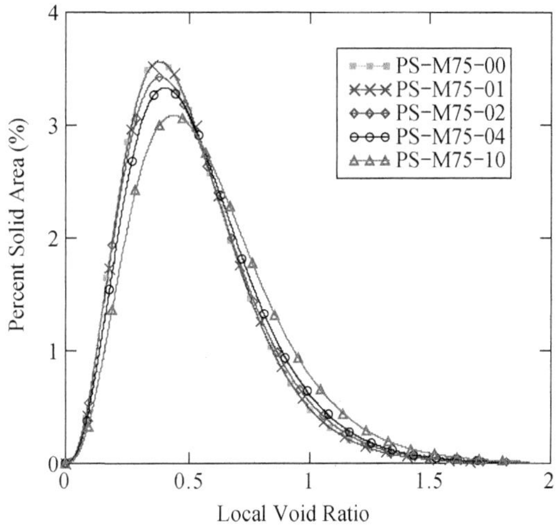

图6.6 平面应变条件下中密试样(PS-M75)局部孔隙比分布图

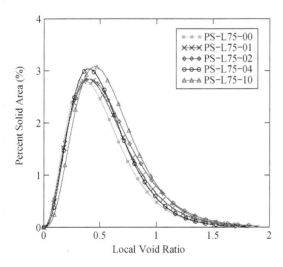

图6.7 平面应变条件下松散试样(PS-L75)局部孔隙比分布图

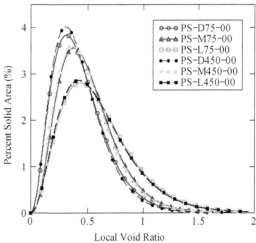

图6.8 初始状态下平面应变试样局部孔隙比分布对比图

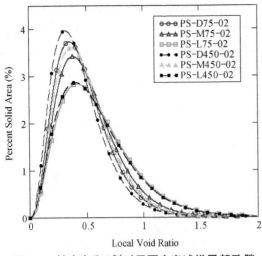

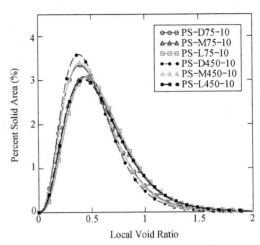

图 6.9 轴应变为 2%时平面应变试样局部孔隙比分布对比图

图 6.10 轴应变为 10%时平面应变试样局部孔隙比分布对比图

6.3.4.3　三轴压缩试验局部孔隙比分布

三轴压缩条件下密实、中密、松散试样的局部孔隙比分布分别如图 6.11、图 6.12、图 6.13所示。从图 6.11 可以看出,密实试样轴应变越大,局部孔隙比分布百分比峰值越小,孔隙比分布的范围越大,试样越不均匀。峰值对应的横坐标随着轴应变增加而略有增加,且随着轴应变增加小局部孔隙比百分数降低,大局部孔隙比百分数增加。这表明大部分的局部孔隙比增加。大局部孔隙比所占的百分比比小局部孔隙比大,表明随着剪切进行,试样整体孔隙比增加,试样发生剪胀。这些性质与平面应变条件下的密实试样一致。对于中密试样,局部孔隙比分布变化(图 6.12)与密实试样相似。对于松散试样,与平面应变试样一样,局部孔隙比分布随着轴应变变化与密实试样相反。轴应变越大,局部孔隙比百分比峰值越大。这表明随着轴应变增加,越多局部孔隙比具有相近值,说明松散试样在剪切过程中变得更加均匀。

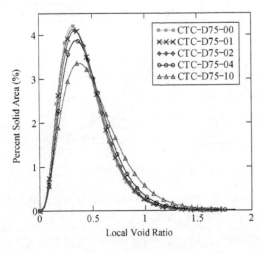

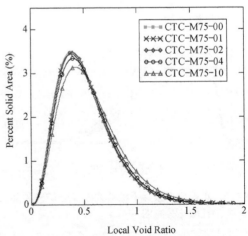

图 6.11 三轴压缩条件下密实试样(CTC-D75)局部孔隙比分布图

图 6.12 三轴压缩条件下中密试样(CTC-M75)局部孔隙比分布图

将图 6.14、图 6.15、图 6.16 与图 6.11、图 6.12、图 6.13 做对比,分析三轴压缩条件下试样密度和围压大小对局部孔隙比分布的影响。结果表明,三轴压缩条件下试样密度和围压大小对局部孔隙比分布的影响与平面应变试样相似,这里不再赘述。

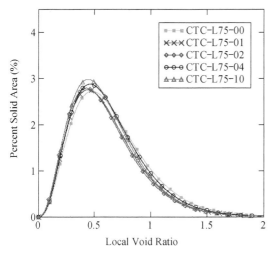

图 6.13 三轴压缩条件下松散试样(CTC-L75)局部孔隙比分布图

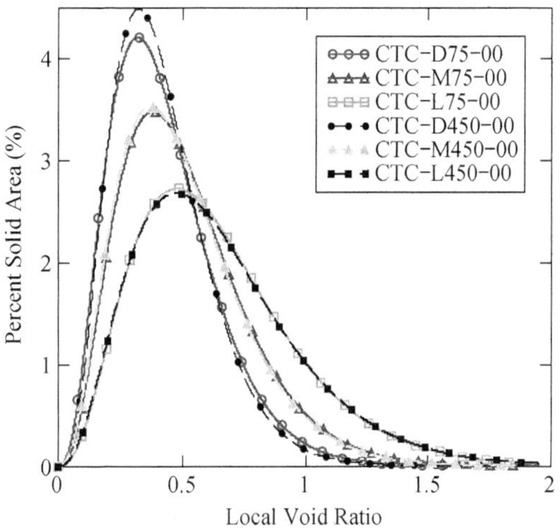

图 6.14 初始状态下三轴压缩试样局部孔隙比分布对比图

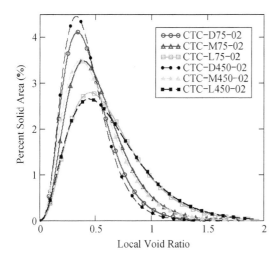

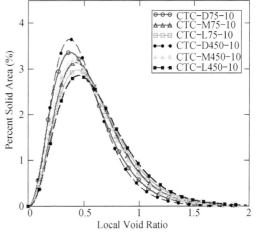

图 6.15 轴应变为 2% 时三轴压缩试样局部孔隙比分布对比图

图 6.16 轴应变为 10% 时三轴压缩试样局部孔隙比分布对比图

6.3.4.4 直剪试验局部孔隙比分布

直剪条件下密实、中密、松散试样的局部孔隙比分布如图 6.17、图 6.18、图 6.19。将直剪条件下的密实试样与平面应变、三轴压缩条件下的密实试样对比发现,局部孔隙比分布的曲线趋势大体一致。但直剪试样的局部孔隙比分布特性与平面应变试样更为接近,一个重要的相似点是当应变达到 2%～4% 时,直剪和平面应变条件下密实试样局部孔隙比分布都发生较大改变。直剪试验和平面应变试验中剪切带的形成是这一个突变发生的主要原因。从图 6.20、图 6.21、图 6.22 可以看出试样密实度对局部孔隙比分布的影响。如图所示,在整个加载过程中,直剪条件下试样密度对孔隙比的影响与平面应变、三轴压缩条件相似。试样越松散,局部孔隙比分布曲线越向右偏移,且百分比峰值越小。这表明试样越松散,具有相近值的局部孔隙比越少(试样越不均匀),峰值所对应的局部孔隙比越大,试样的平均孔隙比越大。

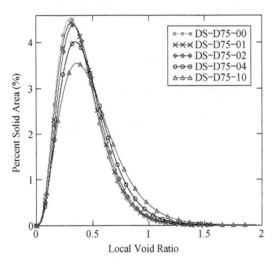

图 6.17　直剪条件下密实试样(DS-D75)局部孔隙比分布图

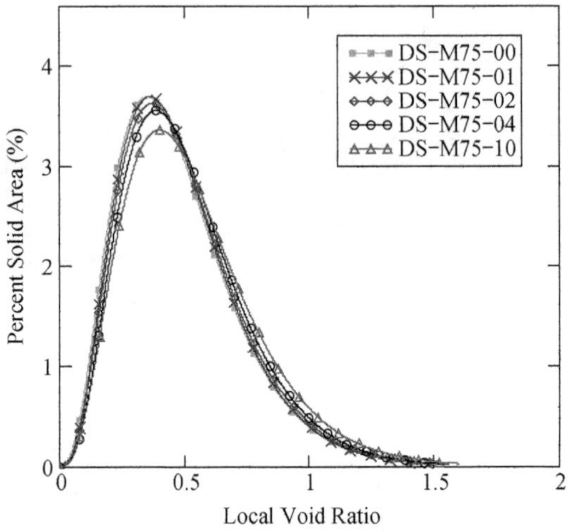

图 6.18　直剪条件下中密试样(DS-M75)局部孔隙比分布图

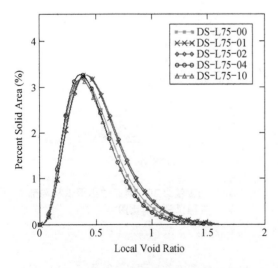

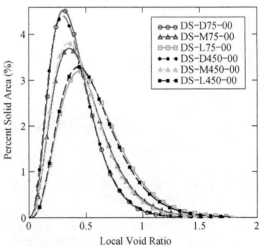

图 6.19　直剪条件下松散试样(DS-L75)局部孔隙比分布图

图 6.20　初始状态下直剪试样局部孔隙比分布对比图

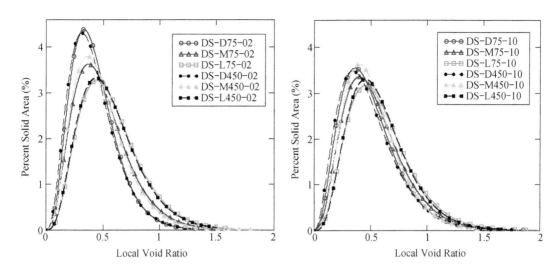

图 6.21　轴应变为 2％时直剪试样局部孔隙比　　图 6.22　轴应变为 10％时直剪试样局部孔隙比
　　　　　分布对比图　　　　　　　　　　　　　　　　分布对比图

6.3.4.5　平面应变、三轴压缩、直剪试验局部孔隙比分布比较

为了直接分析荷载条件对局部孔隙比分布的影响,在同一张图中绘出相同密实度试样在不同荷载条件下的局部孔隙比分布图。图 6.23、图 6.24、图 6.25 分别是密实、中密、松散试样在不同荷载条件下局部孔隙比分布的比较图。这些图清楚地显示了剪切过程的均匀化作用,即试样在剪切前局部孔隙比分布的差别在剪切后被消除(即局部孔隙比分布趋于相同)。这在细观尺度上与宏观尺度上的临界状态相一致。密实试样和松散试样局部孔隙比分布的平均值和标准差见图 6.26。从图中可以发现,所有试样局部孔隙比分布的标准差相近,但是受剪后试样的平均孔隙比是与试样初始密度相关的函数。这一结论与 Narsilio 和 Santamarina(2008)提出的最终密实度的概念相一致。

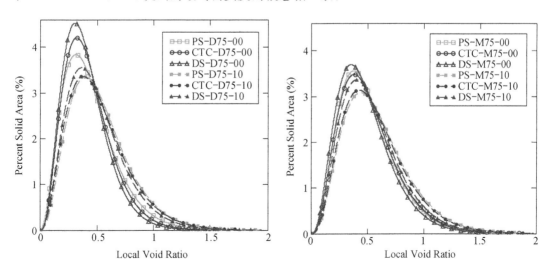

图 6.23　不同荷载条件低围压下密实试样局部　　图 6.24　不同荷载条件低围压下中密试样局部
　　　　　孔隙比分布比较　　　　　　　　　　　　　　　孔隙比分布比较

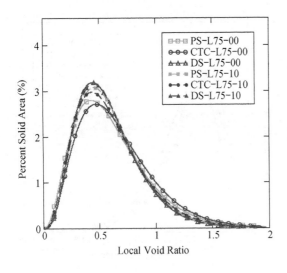

图 6.25　不同荷载条件低围压下松散试样局部
　　　　孔隙比分布比较

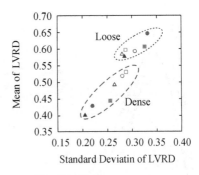

图 6.26　低围压下密实试样和松散试样局
　　　　部孔隙比分布的平均值和标准差

6.4　区域分析

6.4.1　介绍

上一节采用体视学法把切面作为一个整体研究了切面上局部孔隙比分布。但是，并不能从上一节的讨论中获得局部孔隙比的空间特性和区域特性。通过区域分析，可以获得试样内部结构的变化，如应变局部化等。可以采用区域分析研究荷载条件对试样结构变化的影响。本节主要从孔隙比和平均自由程这两个方面进行研究。

6.4.2　区域孔隙比

因为试样孔隙比并不是处处相等，所以整体孔隙比和平均孔隙比在很多情况下不能反映材料特性，而材料的宏观行为特性往往由一些特定区域（如平面应变条件下的剪切带）所决定，所以，对孔隙比区域特性的研究尤为重要。

在本书中，将切片图像划分为多个网格子区域，每个子区域的大小为 150×150 像素。因为不同荷载条件下试样切面图像的大小并不一致，所以子区域的数量也不一致，但是相同的荷载条件下子区域数量一致。

当子区域划分完毕，便可以通过计算获得每个子区域的孔隙比。为了分析整个切面上孔隙比的变化，所以绘制切面孔隙比分布云图来进行对比分析。图 6.27 至图 6.29 为不同荷载条件下密实、中密、松散试样在低围压（荷载）下最终状态时切面孔隙比的分布云图。

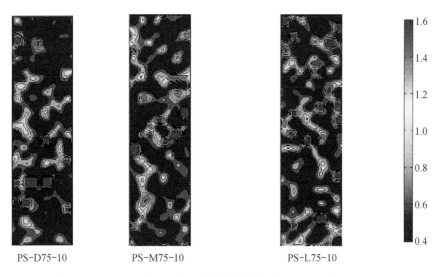

PS-D75-10   PS-M75-10   PS-L75-10

图 6.27　低围压下平面应变试样最终状态时切面孔隙比分布云图

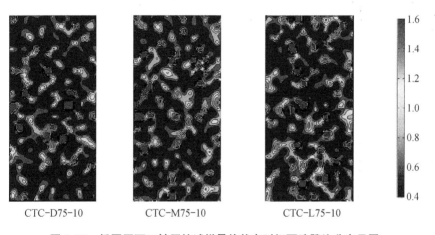

CTC-D75-10   CTC-M75-10   CTC-L75-10

图 6.28　低围压下三轴压缩试样最终状态时切面孔隙比分布云图

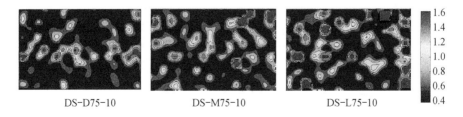

DS-D75-10   DS-M75-10   DS-L75-10

图 6.29　低围压下直剪试样最终状态时切面孔隙比分布云图

6.4.3　区域平均自由程

　　平均自由程 λ 是颗粒系统中另一个比较重要的参数。平均自由程表示所有相邻颗粒的边缘到边缘的距离的平均值。采用与研究区域孔隙比相同的方法,研究不同荷载条件下的试样切面的平均自由程。

子区域的划分与研究区域孔隙比时相同,计算每个子区域的平均自由程。首先,在每个子区域中划定一系列平行的测试线。采用 Underwood(1970)提出的方法来计算单位长度测试线与颗粒圆周交叉点的数目,然后可以通过下式来计算平均自由程 λ:

$$\lambda = 4 \cdot \frac{(1 - A_P)}{2 \cdot P_L} \tag{6.11}$$

式中,A_P 是每个子区域中颗粒所占面积分量,P_L 是单位长度测试线与颗粒圆周交叉点数目。采用 Evans(2005)计算平均自由程的方法的详细介绍见参考文献。

与分析区域孔隙比相同,通过绘制区域平均自由程分布图进行分析比较。图 6.30 至图 6.32 为不同荷载条件下密实、中密、松散试样在低围压(荷载)下最终状态时平均自由程分布云图。

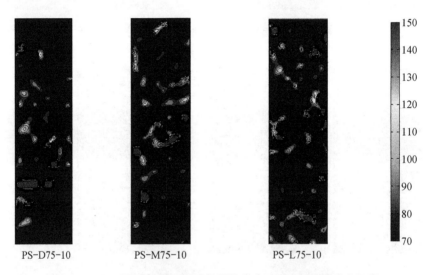

图 6.30　低围压下平面应变试样最终状态时平均自由程分布云图

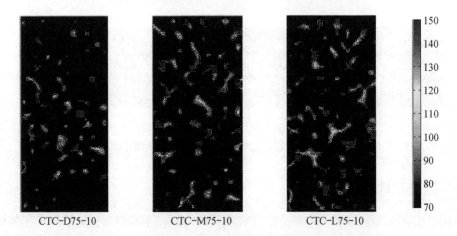

图 6.31　低围压下三轴压缩试样最终状态时平均自由程分布云图

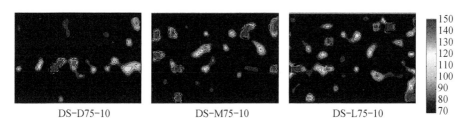

图 6.32　低围压下直剪试样最终状态时平均自由程分布云图

6.4.4　区域分析讨论

已有学者(Evans，2005)对室内试验采用区域分析法进行研究,通过区域分析法分析试样应变局部化的特性。但是图 6.27 至图 6.32 中的区域孔隙比和区域平均自由程的分布并不能很好地反映应变局部化现象。这可能与本数值模型选用的颗粒大小和颗粒数目有关。在 Evans(2005)的室内试验中,每个子区域内大概有 7~10 个颗粒,但是本书中只有 2~3 个颗粒。可能是因为子区域内信息不够精确,造成细观结构区域化现象不明显。这表明,数值模型中的颗粒直径应该更小一些或者颗粒数目应该更大一些。另一方面,区域分析结果表明,数值模拟中一定的颗粒数目[Ni et al.(2000)认为在 3D 离散元模型中,15 000 个颗粒足够表现材料的宏观特性,颗粒数目超过 15 000 个将会大大增加计算时间]或许可以很好地反映试样的宏观特性,但这个颗粒数目可能不能够很好地反映试样的细观特性。

6.5　颗粒方向

6.5.1　简介

颗粒方向是试样受剪过程中重要的细观结构参数。可以通过颗粒方向从细观力学角度解释材料的宏观特性。之前已有大量关于颗粒方向的研究,Oda 和 Kazama(1998)研究了平面应变试验中剪切带内颗粒方向的变化。在他们的研究中,选取了两个研究面,一个垂直于第二主应力方向,另一个平行于剪切带。研究结果发现,剪切带边缘处颗粒方向变化很大,剪切带以外颗粒方向为 0°(水平)的颗粒数目最多,而剪切带内颗粒都向着剪切带方向。研究认为,颗粒方向与在室内试验(Oda and Kazama，1998；Chen，2000)和数值模拟(Iwashita and Oda，2000)中所观察到的试样内柱状结构特性有关。Yang(2002)研究了三轴压缩试验中试样长细比和加压板对颗粒方向的影响,采用圆形统计法分析了颗粒方向的分布特征。

本书模拟切片法,利用圆形统计法表示不同荷载条件下试样切面颗粒方向的分布特性,采用统计学方法研究荷载条件对颗粒方向分布的影响。

6.5.2　颗粒方向分析方法

之前的章节研究了颗粒的三维方向,现在研究特定平面上颗粒的二维方向分布。之所以研究特定平面上颗粒的二维方向,是因为在室内试验中很难测得颗粒的三维方向。最常用的研究颗粒方向的试验法是固化切片法,但这一方法本质上是研究特定平面上颗粒的二维方向。颗粒的三维方向在三维数值模拟中可以很方便地获得,这在第 5 章中三维颗粒方向部分已经讨论过,本节主要分析三维数值模型中颗粒方向在某一特定平面上的二维投影,从而对数值模拟中颗粒方向的分布与试验结果进行对比。

研究颗粒方向的二维投影时,可以采用形态学方法对区域分析时的切面进行分析研究。但是数值模拟在分析颗粒方向时更有优势,因为数值模拟中试样内每个颗粒的位置和半径已知,所以可以通过几何算法求得特定平面上的颗粒方向。这样可以避免形态法中不精确的计算,得到更加准确的计算结果。

6.5.3　颗粒方向分布圆形统计分析

颗粒方向由颗粒长轴与水平坐标轴间的逆时针夹角表示。计算出每个颗粒方向后,颗粒方向的分布可以用极坐标直方图表示,极坐标的半径表示某一指定角度范围内的颗粒方向分布个数的多少。由于计算颗粒方向时夹角范围为 0°到 180°,但是颗粒方向是双向的(角度可以是 θ 也可以是 $\theta+180°$)。所以通过将 0°～180°间的分布图经原点对称映射于 180°～360°之间来绘制一个完整的极状分布图。

在分析二维颗粒方向分布时,采用圆形统计法。在圆形统计法中,θ_i 为数据中的第 i 个观测角。颗粒的平均方向,即所有颗粒方向的合成矢量方向可以表示为

$$\theta_{r_1} = \arctan\left(\frac{\sum_{i=1}^{n} \sin\theta_i}{\sum_{i=1}^{n} \cos\theta_i} \right) \tag{6.12}$$

合成矢量平均长度:

$$r_1 = \frac{1}{n}\sqrt{\left(\sum_{i=1}^{n} \sin\theta_i \right)^2 + \left(\sum_{i=1}^{n} \cos\theta_i \right)^2} \tag{6.13}$$

r_1 位于 0～1 之间,且具有一定意义。$r_1=1$ 表示所有颗粒具有相同方向,即完全各向异性。r_1 越小表示颗粒方向分布范围越大,越倾向于各向同性。但是,$r_1=0$ 不一定是所有颗粒方向均匀分布。

式(6.12)和式(6.13)是基于颗粒方向的分布范围为 0°到 360°,但是测得或计算得到的颗粒方向由于双向分布所以为 0°到 180°。因此,Krumbein(1939)提出了一种修正计算法:

$$\theta_{r_2} = \frac{1}{2}\arctan\left(\frac{\sum_{i=1}^{n} \sin(2 \cdot \theta_i)}{\sum_{i=1}^{n} \cos(2 \cdot \theta_i)} \right) \tag{6.14}$$

$$r_2 = \frac{1}{n} \sqrt{\left(\sum_{i=1}^{n} \sin(2 \cdot \theta_i)\right)^2 + \left(\sum_{i=1}^{n} \cos(2 \cdot \theta_i)\right)^2} \qquad (6.15)$$

上面的公式都是针对通用的圆形数据。在对颗粒方向的分析过程中,采用上述公式计算颗粒方向时的一个假设是所有颗粒的权重相等,而不考虑颗粒大小的影响。Yang(2002)认为当材料中小颗粒较多时,忽视颗粒大小的影响可能会导致分析结果的错误。他指出,如果试样中小颗粒过多,极状图主要受小颗粒方向的影响,而主要的力链或力柱是由颗粒材料中大颗粒形成的(Iwashita and Oda, 2000),从而试样的行为特性受大颗粒影响显著。为了避免这种情况,Yang 提出了一种考虑颗粒大小权重的算法来计算颗粒方向的分布,即在计算平均方向以及平均方向长度时,考虑采用每个颗粒面积占所有颗粒总面积的比重,式(6.14)和式(6.15)变为

$$\theta_r = \frac{1}{2} \arctan\left(\frac{\sum_{i=1}^{n} A_i \cdot \sin(2 \cdot \theta_i)}{\sum_{i=1}^{n} A_i \cdot \cos(2 \cdot \theta_i)}\right) \qquad (6.16)$$

$$r = \frac{1}{\sum_{i=1}^{n} A_i} \sqrt{\left(\sum_{i=1}^{n} A_i \cdot \sin(2 \cdot \theta_i)\right)^2 + \left(\sum_{i=1}^{n} A_i \cdot \cos(2 \cdot \theta_i)\right)^2} \qquad (6.17)$$

根据这一定义,颗粒方向分布的整体特性可以通过除极坐标直方图以外的平均方向和平均方向长度来表示。

由于本书采用的颗粒是由两个球重叠而成高宽比为 $1.5:1$ 的块颗粒,因此与真实土颗粒或二维数值模拟中的颗粒不完全相同,所以模拟的结果与试验结果有所出入,与二维模拟的结果也不完全一致。因为是采用两个球重叠而成的块颗粒,所以三维试样的切面上会出现很多实心圆(尽管这只是一个虚拟的切面)。而真实土颗粒是不规则的,所以这一现象不会出现在实验室中,也不会出现在二维模型中。切面上实心圆的出现可能会对本书中的颗粒方向分布的分析造成较大的影响,因为颗粒的方向定义为颗粒长轴的方向,但是圆形颗粒的方向是任意的(无法决定颗粒方向),所以在分析颗粒方向分布时,首先要剔除切面上的实心圆,否则会对计算结果造成误差。剔除切面实心圆后,另一个需要注意的是试样边界的影响。研究发现,与边界墙相接处的颗粒的方向更容易与边界方向一致,所以边界会对其周围颗粒方向造成影响,影响颗粒方向分布的分析。考虑到上述因素的影响,所以在生成颗粒方向极状图之前要采取两个步骤:一是剔除切面上的实心圆;二是剔除与边界墙相接触的颗粒。这两个步骤将会提高颗粒方向分布图的合理性和准确性。图 6.33(a)、(b)、(c)分别为不考虑实心圆和边界影响、只考虑实心圆影响、考虑实心圆和边界影响三种情况时颗粒方向极状图的示例。

颗粒方向分布极状图生成之后,需要分析整个材料中颗粒方向的分布是否有明显的统计意义上的方向性,或者颗粒的方向计算是否由于各向同性而为随机任意值[当颗粒方向各向同性分布,式(6.17)平均方向长度为 0,所有颗粒方向一致]。Fisher(1993)提出的 Rayleigh 测试可以评估单峰值数据的均匀性。Rayleigh 法假设所有数据均匀分

布,当合向量长度 r 大于测试值,假设不成立,即试样不是均匀分布。测试值计算公式如下:

$$P(n \cdot r^2 \geqslant Z) = \mathrm{e}^{-Z}\left(1 + \frac{2Z - Z^2}{4n} - \frac{24Z - 132Z^2 + 76Z^3 - 9Z^4}{288n^2}\right) \quad (6.18)$$

式中,n 为样本(颗粒)数目,Z 是 $n \cdot r^2$ 在某一指定或重要 P 值时的临界值。这里 P 值取为 5%,且当临界值(Z)大于 3 时,认为平均方向的计算是合理的(即不是均匀分布的情况下的任意值)。

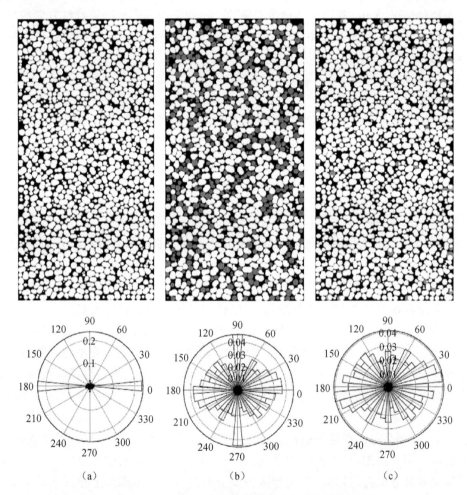

图 6.33 颗粒方向极状分布图(CTC-D75-00)

(a) 不考虑实心圆和边界影响;(b) 只考虑实心圆影响;(c) 考虑实心圆和边界影响

6.5.4 颗粒方向分布圆形统计模型

6.5.4.1 von Mises 分布模型

Von Mises 分布是一种对圆形数据分析经常采用的对称单峰分布统计模型(Fisher,1993; Jammalamadaka and SenGupta,2001)。Von Mises 分布的概率密度函数

(Probability Density Function，PDF)计算公式如下：

$$f(\theta) = \left[2\pi \cdot I_0(\kappa)\right]^{-1} \exp\left[\kappa \cos(\theta - \theta_r)\right] \quad (0 \leqslant \theta \leqslant 2\pi,\ 0 \leqslant \kappa \leqslant \infty) \quad (6.19)$$

式中，θ_r 是颗粒平均方向，κ 是集中参数，$I_0(\kappa)$ 为修正零阶贝塞尔函数：

$$I_0(\kappa) = (2\pi)^{-1} \int_0^{2\pi} \exp\left[\kappa \cos(\phi - \theta_r)\right] \mathrm{d}\phi \quad (6.20)$$

一阶修正贝塞尔函数公式与上式相似，且：

$$\frac{I_1(\kappa)}{I_0(\kappa)} = r \quad (6.21)$$

θ_r 和 r 可以通过式(6.16)和式(6.17)算得，则 κ 可以通过式(6.21)算得。

Von Mises 分布的分布函数公式如下：

$$F(\theta) = \left[2\pi \cdot I_0(\kappa)\right]^{-1} \int_0^{\theta} \exp\left[\kappa \cos(\phi - \theta_r)\right] \mathrm{d}\phi \quad (6.22)$$

在圆形统计分析中，常常把 Von Mises 分布看作正态分布，这种分布模型经常被一些学者所采用(Yang，2002)。但对于颗粒方向分布，首先要分析 Von Mises 分布是否合适。Fisher(1993)认为，在圆形统计分析中，集中参数 κ 非常重要。当 $\kappa \geqslant 2$ 时，对模型中一些问题近似处理可以成立，可以采用该模型；当 $\kappa < 2$ 时，很难建立与数据分布相一致的模型函数，因此无法采用该模型对数据进行统计分析。所以，$\kappa = 2$ 是圆形数据统计分析中的最小可接受值。本书中，平面应变、三轴压缩、直剪试验中的最大 κ 值分别为 0.335、0.532、0.496。所有 κ 值都小于 2，这表明颗粒方向并不服从 Von Mises 分布。还可以通过拟合度测试来看颗粒方向是否服从 Von Mises 分布。有两种方法可以对拟合度进行测试：图解法和标准法。在图解法中，首先计算：

$$y_i = \sin\left[\frac{1}{2}(\theta_i - \theta_r)\right] \quad (i = 1, \cdots, n) \quad (6.23)$$

并将它们重新按升序排列，即 $y_1 < \cdots < y_n$。按 Von Mises 分布最佳拟合计算分位数 $q_1, \cdots, q_n$。最后，绘出 $\left[\sin\left(\frac{1}{2}q_1\right), y_1\right], \cdots,$ $\left[\sin\left(\frac{1}{2}q_n\right), y_n\right]$。如果 Von Mises 模型与数据拟合度高，那么这一系列点是在通过原点与轴成 45°角的直线附近，如图 6.34 所示。从图中可以看出，颗粒方向并不服从 Von Mises 分布。

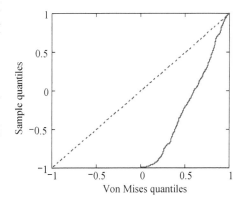

图 6.34 图解法拟合度测试示例(PS-D75-10)

在标准法检验拟合度时，首先通过式(6.22)计算累计频率值 f_i，再将它们重新按升序排列，即 $f_1 < \cdots < f_n$，最后计算统计值：

$$U^2 = \sum_{i=1}^{n}\left[f_i - \frac{2i-1}{2n}\right]^2 - n\left(\bar{f} - \frac{1}{2}\right) + \frac{1}{12n} \tag{6.24}$$

式中，$\bar{f} = \dfrac{\sum\limits_{i=1}^{n} f_i}{n}$。如果 U^2 比相应 κ 值对应的临界值大，那么 Von Mises 分布的假设不成立，说明颗粒方向不服从 Von Mises 分布。本书中大部分数值模拟试验结果的 U^2 远大于临界值，所以认为颗粒方向不服从 Von Mises 分布。

6.5.4.2 结构张量与傅里叶级数拟合法

结构可以用来表示集合体内颗粒和孔隙的细观排列方式。在研究颗粒材料时提出了一个重要的概念——结构张量，一些学者采用这一概念研究颗粒材料的细观结构和细观力学(Satake，1978；Oda et al.，1980；Oda et al.，1982；Mehrabadi et al.，1982；Kuo et al.，1998)。有学者做了大量有关结构张量的研究(Rothenburg and Bathurst，1989；Bathurst and Rothenburg，1990；Ouadfel and Rothenburg，2001)，提出了一些重要的参数，如接触方向各向异性、接触矢量、接触力各向异性等等，并提出应力—力—结构概念来研究外荷载和这些细观结构参数间的关系(Rothenburg，1980；Ouadfel and Rothenburg，2001)。在这些研究中，Rothenburg 和 Bathurst(1989)提出了采用傅里叶级数近似分析接触方向、法向接触力和切向接触力分布的方法。研究证明，采用不同级数的傅里叶分析法可以对圆形数据和球形数据进行很好的拟合。这一方法也被一些学者(Ouadfel and Rothenburg，2001)用来分析颗粒方向的分布特征。本书采用傅里叶级数分析法来分析颗粒集合体中颗粒方向的分布。

尽管傅里叶分量的阶数越高计算结果越精确，但是在研究颗粒方向分布时二阶傅里叶分量已经足够满足计算精度要求。对颗粒方向分布，函数 $P(\theta)$ 在 θ 和 $\theta+\pi$ 实际上是相等的，所以颗粒方向分布函数 $P(\theta)$ 可以只用傅里叶级数的偶数项表示为：

$$P(\theta) = \frac{1}{N}\left[1 + a\cos 2(\theta - \theta_a)\right] \tag{6.25}$$

式中，N 为角度分段数，a 为表征颗粒方向分布各向异性的参数，θ_a 为各向异性的方向。这种方法不仅可以较好地拟合极状图，还可以求得颗粒方向分布各向异性的程度和角度。$a=0$ 时，$P(\theta)=1/N$，表示颗粒方向均匀分布，材料各向同性。需要说明的是，虽然式(6.25)中采用二阶傅里叶分量，但采用更高级数的傅里叶分量可以得到更精确的计算结果。

确定颗粒方向极状图的拟合模型后，下一步需要确定每个极状图的 a 和 θ_a。以 MINPACK 算法为基础的 Levenberg-Marquardt 法是拟牛顿法的一个变化方法，这种方法可以在约束条件下找到误差平方和最小时的参数。本书采用这种算法来确定 a 和 θ_a 的值。

需要注意的是，在傅里叶近似法中，拟合曲线的长轴并不一定与颗粒方向百分比极状图的最大方向相一致。因为拟合曲线的长轴不仅仅由极状图中最大百分比分布的方向决定，还会受到最大百分比颗粒方向周围方向颗粒极状图百分比的影响。也就是说，如果某一方向颗粒方向百分比最大，而这一方向周围的颗粒方向百分比很小，那么这一方向有可能不是拟合曲线长轴的方向。

颗粒方向分布的极状图和相对应的傅里叶级数拟合曲线如图 6.35 所示。这些图显示了平均方向、平均合向量长度、Rayleigh 测试符合程度、各向异性程度、各向异性角度等重要基本参数。采用这一方法,可以对不同荷载条件下不同密实度试样在不同应变条件时颗粒方向的分布特性进行研究。

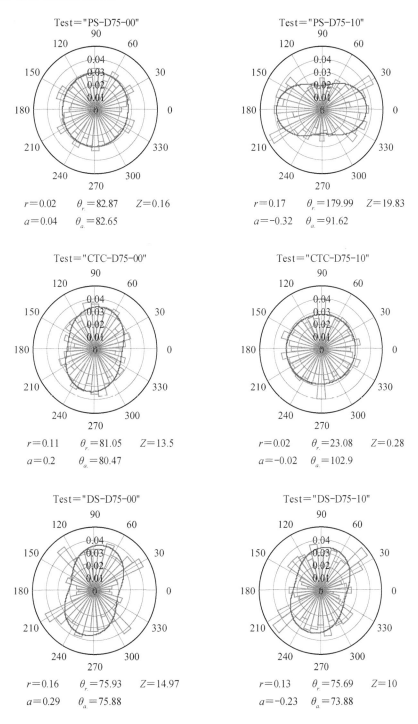

图 6.35　试样颗粒方向分布极状图和傅里叶级数拟合曲线示例

6.5.5 两种方法关系

比较圆形统计法和傅里叶级数近似法这两种方法可以发现,它们有很多共同点,也有一些不同点。两种方法都采用了两个参数,圆形统计法参数为 r 和 θ_r,傅里叶级数近似法参数为 a 和 θ_a。

参数 r 和 a 意义相似,都表征集合体颗粒方向分布的不均匀性或各向异性的程度。但是 r 永远是正值,而 a 则有可能为正有可能为负。为了对这两个参数进行比较,取参数 a 的绝对值。

θ_r 和 θ_a 的不同点比相同点更多。θ_r 被称作平均方向,它通常为极状图中颗粒方向分布百分比较大的方向。而 θ_a 是颗粒方向分布的各向异性方向,它可能是极状图中颗粒方向分布百分比最大的方向,也可能是百分比最小的方向,取决于极状图中这两个方向中哪个方向的百分比与各向同性状态时的百分比相差更多。也就是说,θ_a 不一定沿着拟合曲线的长轴方向。这可以从图 6.36 中看出,图 6.36(a)中,$\theta_a=32.0$ 且与拟合曲线长轴方向相一致;但在图 6.36(b)中,$\theta_a=100.18$,该方向是拟合曲线的短轴方向,与拟合曲线的长轴相垂直。在对比 θ_r 和 θ_a 时,考虑到 θ_a 的这一特殊性,定义修正参数 θ_{a-der},θ_{a-der} 根据 θ_a 求得,为拟合曲线的长轴方向或从水平轴(0°或 180°)出发极状图中颗粒方向分布百分比最大的方向。θ_{r-der} 的计算方法与 θ_{a-der} 相似。当 θ_r 在 90°~180°之间时,减去 90°使得这一角度值位于最大百分比方向和水平轴之间。采用上述方法,通过比较参数 r 和 a 以及 θ_{r-der} 和 θ_{a-der},可以对这两种计算方法进行比较。

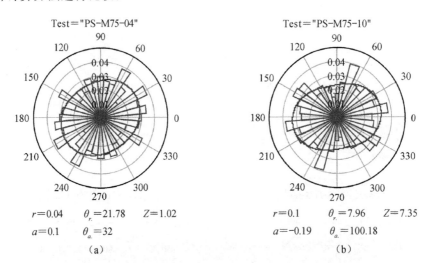

图 6.36 各向异性方向和极状图中最大百分比方向示例

6.5.6 不同荷载条件下颗粒方向分布

6.5.6.1 初始状态下颗粒方向分布

在研究颗粒方向分布时,首先要研究的是初始状态下颗粒方向的分布特性。初始状态下,理想的试样性质是均质各向同性的,包括颗粒方向、局部孔隙比、接触力等。

采用 Rayleigh 测试局部孔隙比分布的均匀性,临界值($Z=n \cdot r^2$)的计算结果见表 6.1。一些具有代表性的颗粒方向分布极状图以及它们的拟合曲线见图 6.37。从表 6.1 可知,除了密实和中密的平面应变试样,其他试样的颗粒方向分布并不是均匀分布,而是各向异性分布(临界值越大,试样各向同性越差)。平面应变条件下的密实试样(PS-D75 和 PS-D450)临界值比相应的中密试样(PS-M75 和 PS-M450)低,表明平面应变条件时初始状态下密实试样比中密试样的颗粒方向分布更加均匀,更加各向同性。

表 6.1 Rayleigh 测试法临界值 Z

PS-D75	PS-M75	PS-L75	PS-D450	PS-M450	PS-L450
0.16	1.54	15.49	0.69	1.71	16.95
CTC-D75	CTC-M75	CTC-L75	CTC-D450	CTC-M450	CTC-L450
13.5	35.63	42.38	24.77	35.1	28.62
DS-D75	DS-M75	DS-L75	DS-D450	DS-M450	DS-L450
14.97	19.36	32.74	8.27	11.18	32.81

平面应变条件下的松散试样和三轴压缩、直剪条件下的所有试样,颗粒方向分布具有明显的优势方向。颗粒方向更多趋向于竖直方向,即第一主应力方向或剪切方向。

Test="PS-D75-00"

$r=0.02$ $\theta_r=82.87$ $Z=0.16$
$a=0.04$ $\theta_a=82.65$

Test="PS-L75-00"

$r=0.15$ $\theta_r=77.52$ $Z=15.49$
$a=0.28$ $\theta_a=75.88$

Test="CTC-D75-00"

$r=0.11$ $\theta_r=81.05$ $Z=13.5$
$a=0.2$ $\theta_a=80.47$

Test="CTC-L75-00"

$r=0.19$ $\theta_r=96.39$ $Z=42.38$
$a=0.35$ $\theta_a=96.75$

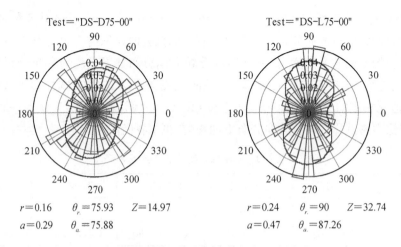

图 6.37 初始状态下试样颗粒方向分布极状图和拟合曲线

6.5.6.2 平面应变试验的颗粒方向分布

对平面应变条件下试样中颗粒方向的分布用极状图表示,采用傅里叶级数进行图形拟合。图 6.38(a)和(b)所示分别为不同数值模拟试验中参数 r 和 $|a|$ 的变化曲线。图 6.39 所示为修正 θ_r 和 θ_a 变化曲线。

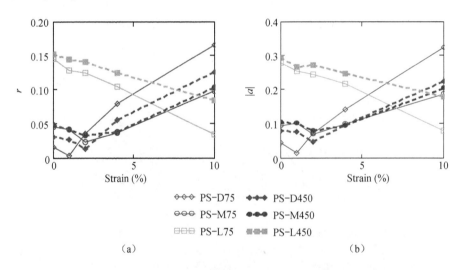

图 6.38 平面应变试样 r 和 $|a|$ 变化曲线

从图中可以看出,尽管 r 和 $|a|$ 数值大小不同,但是曲线形状非常相似。这是因为它们具有相同的参数意义,都表征颗粒方向分布的各向异性。θ_r 和 θ_a 的情况与之相似,尽管数值大小不一样,但是曲线形状非常相似。r 和 $|a|$ 以及 θ_r 和 θ_a 随着加载过程的进行发生相似变化的现象表明采用傅里叶级数对试样数据拟合的结果较好。从图中还可以看出,平面应变试验中,试样在高围压 450 kPa 和低围压 75 kPa 下相应参数的曲线和变化趋势基本一致,表明平面应变荷载条件下围压的大小对颗粒方向的分布影响不大。

在前面一节曾经讨论过,初始状态下的平面应变密实试样和中密试样的颗粒方向分布尽管不是完全各向同性的,但是各向同性程度比较高,而松散试样的颗粒方向分布具有明

显的优势方向。图 6.38(a)和(b)所示的 r 和$|a|$的变化曲线表明,密实试样和中密试样的颗粒方向分布在受剪初期变得更为均匀,即更趋向于各向同性,但是当轴应变达到 2%～4%之间某一值时,试样开始向各向异性转变。松散试样虽然一开始颗粒方向分布的各向异性程度较高,但是随着应变的增加,颗粒方向分布的各向异性程度减小,即在受剪的过程中它们变得更加各向同性。所以,密实试样和中密试样在受剪过程中颗粒方向分布的各向异性的变化与松散试样是不同的。

从图 6.39 中修正平均方向 θ_r 和修正各向异性方向 θ_a 变化曲线可以看出,随着轴应变增加,试样的 θ_r 和 θ_a 都有所减小。这表明,在试样受剪的过程中,颗粒的方向与水平轴夹角越来越小。但是松散试样与密实、中密试样有所不同。松散试样的颗粒方向分布的角度变化是缓慢的,但是对密实试样和中密试样,在试样刚开始受剪时,θ_r 和 θ_a 变化较小,当应变达到 2%左右,θ_r 和 θ_a 开始急剧减小。造成这一现象的原因应该是应变局部化现象的出现或是剪切带的形成。这表明,在应变局部化现象出现或剪切带形成过程中,密实试样和中密试样中的颗粒方向变化较大。这与前面章节中颗粒旋转分析的结论一致,这两个现象和结论可以相互验证。

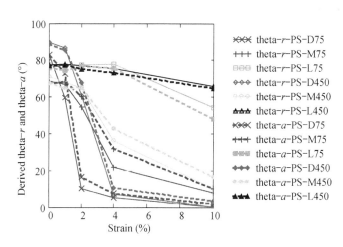

图 6.39 平面应变试样 θ_r 和 θ_a 变化曲线

6.5.6.3 三轴压缩试验的颗粒方向分布

图 6.40 和图 6.41 所示为三轴压缩试样 r 和$|a|$以及修正 θ_r 和 θ_a 变化曲线。与采用傅里叶级数与圆形统计法研究平面应变试样颗粒方向时结论一致,这两种方法相关参数变化曲线的形状以及变化趋势都一致。事实上,直剪试验的结果也可以得出这一结论。

从前面章节可知,所有的三轴压缩试样在初始状态下颗粒方向分布都是各向异性的。从图 6.40 可以发现,r 和$|a|$随着轴应变的增加一直减小,表明各向异性的程度一直减小。这与平面应变试验中的松散试样变化趋势相一致。而三轴压缩试样中 θ_r 和 θ_a 随着应变的增加没有明显变化,只是在刚开始受剪时有所增加或减小。但是从初始状态和最终状态来看,θ_r 和 θ_a 还是随着加载的进行而减小,也就是说最终 θ_r 和 θ_a 与水平轴夹角减小。这表明,试样将会分散破坏而不是局部破坏。

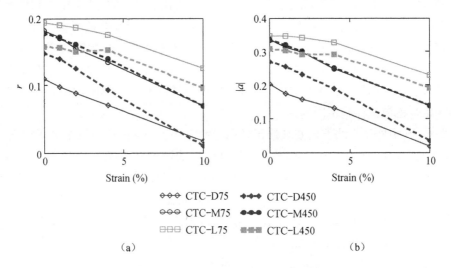

（a）   （b）

图 6.40   三轴压缩试样 r 和 $|a|$ 变化曲线

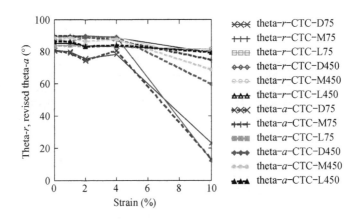

图 6.41   三轴压缩试样 θ_r 和 θ_a 变化曲线

6.5.6.4   直剪试验的颗粒方向分布

图 6.42 和图 6.43 所示为直剪试样 r 和 $|a|$ 以及修正 θ_r 和 θ_a 变化曲线。从 r 和 $|a|$ 变化曲线可以看出，竖向荷载对不同密实度的试样影响不同。对于中密试样和松散试样，竖向荷载的大小对 r 和 $|a|$ 的变化没有明显影响。但是对于密实试样，竖向荷载不同时，r 和 $|a|$ 的变化也不一样。竖向荷载较低时（75 kPa），r 和 $|a|$ 随着轴应变增加而缓慢减小，而竖向荷载较高时（450 kPa），当应变低于 4% 时，r 和 $|a|$ 随着轴应变增加而增加，然后再减小。

中密试样无论是在竖向荷载较低还是竖向荷载较高情况下，平均合向量长度 r 和绝对各向异性程度 $|a|$ 在应变低于 4% 时，r 和 $|a|$ 随着轴应变增加而增加，然后再随着轴应变增加而减小。这与密实试样在竖向荷载较高时变化趋势一致。这表明，在应变低于 4% 时，各向异性程度降低，然后当应变高于 4% 时，各向异性程度增加。这与破坏面的形成有关，且当应变达到 4% 左右时，破坏面附近颗粒方向都朝着剪切方向。松散试样的 r 和 $|a|$ 随着加载进行而逐渐减小，这与密实试样在竖向荷载较低情况下变化趋势一致。

从图 6.43 中首先可以观察到,松散试样的 θ_r 和 θ_a 值比密实试样和中密试样大,表明松散试样比密实试样和中密试样有更多位于竖直方向的颗粒。事实上,这一现象同样出现在了平面应变试样和三轴压缩试样中。对竖向荷载较高时的松散试样和竖向荷载较低时中密试样,当轴应变低于 4% 时,θ_r 和 θ_a 先减小,当应变高于 4% 时,再增加。而其他试样当轴应变低于 4% 时,θ_r 和 θ_a 先增加,当应变高于 4% 时,再减小。从这一现象中,同样可以看到直剪试验中破坏面的形成与开展。

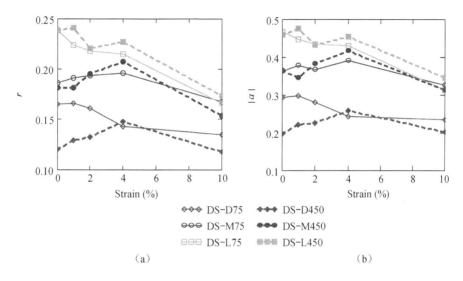

图 6.42　直剪试样 r 和 $|a|$ 变化曲线

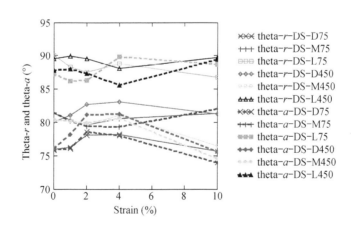

图 6.43　直剪试样 θ_r 和 θ_a 变化曲线

6.5.6.5　平面应变、三轴压缩、直剪试验颗粒方向分布的比较

本节研究高围压/竖向荷载下(450 kPa)密实平面应变、三轴压缩、直剪试样颗粒方向分布的不同。图 6.44 和图 6.45 所示为不同荷载条件下更加详细的 r 和 $|a|$ 以及修正 θ_r 和 θ_a 变化曲线。

从图 6.44 可以看出,平面应变试样 r 和 $|a|$ 在应变达到 2% 之前随应变增加而减少,应变达到 2% 之后随应变增加而增加。这表明颗粒方向各向异性程度一开始减小后来增加。

当应变达到2%变化较大,可能是因为剪切带的形成导致材料内颗粒方向变化较大。三轴压缩试样 r 和 $|a|$ 在整个加载过程中逐渐减小。这表明三轴压缩试样的最终破坏是分散破坏而不是局部破坏。直剪试样在应变达到4%之前增加,应变达到4%之后减小。前一节曾讨论过,出现这一现象的原因是当轴应变达到4%时试样形成了破坏面。

从图6.45可以发现,平面应变试样 θ_r 和 θ_a 从90°急剧减少至0°左右。这表明颗粒方向由竖直方向向水平方向转变。这一现象出现在轴应变为1%～4%之间,表明试样剪切带在这期间形成。三轴压缩试样 θ_r 和 θ_a 在轴应变达到7%～8%之前,几乎为常数。这表明,在低应变状态下,平均方向和各向异性方向没有较大改变,但是应变较高时变化较大。直剪试样 θ_r 和 θ_a 在整个加载过程中变化不大。

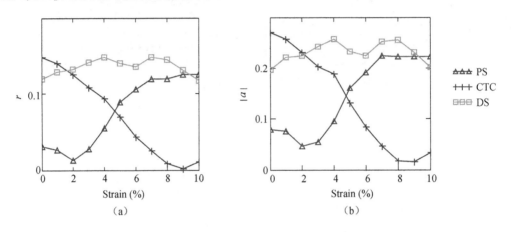

图6.44 高围压/竖向荷载下密实样本 r 和 $|a|$ 变化曲线

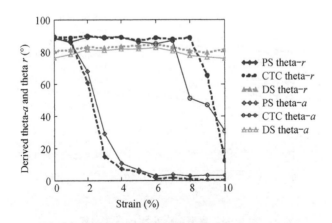

图6.45 高围压/竖向荷载下密实样本 θ_r 和 θ_a 变化曲线

6.6 总结

本章对三维颗粒模型模拟切片并生成图像,采用体视学分析法分析局部孔隙比分布,采用区域分析法分析这些切面图像。

在分析孔隙比分布时,采用伽马分布、最大似然拟合法拟合数据。研究了平面应变、三轴压缩、直剪条件下的局部孔隙比分布,分析了不同荷载条件下试样密实度和围压大小对孔隙比分布的影响。研究了不同荷载条件对孔隙比分布的影响。

区域分析中,首先将切面图像划分为一系列子区域。计算出这些子区域的孔隙比和平均自由程,绘出孔隙比云图和平均自由程云图。研究发现,采用区域分析法分析颗粒材料细观结构特性时,必须考虑颗粒的数目。

为利用数值模拟的优点,从三维模型中选择特定二维平面,采用几何法分析该平面上颗粒的二维方向,发现几何法比形态学方法精确度更高。计算颗粒方向极状图时采用圆形统计法。采用傅里叶级数拟合极状图。研究了不同荷载条件下颗粒的二维方向分布。讨论了试样密实度和围压大小对颗粒方向分布的影响。

数值模拟中采用的体视学分析法与实验室中固化切片法相类似,通过这种分析方法可以直接比较离散元数值模拟和实验室试验中试样的颗粒特性。

7　讨　论　和　分　析

7.1　介绍

第 4 章、第 5 章、第 6 章分别讨论了颗粒材料的宏观特性、细观特性以及立体图像体视学分析法。为了更进一步深入理解不同荷载条件下土体的行为特性,本章把前面的宏观、细观和立体图像体视学等不同分析方法结合起来,对研究结果进行了综合深入分析。

7.2　抗剪强度和剪切应变

7.2.1　抗剪强度

由前所述,三个主应力对土的应力—应变—强度—体积变化特性都发挥重要作用。而在实际岩土工程中,很多工程问题都属于平面应变条件(比如路堤和较长的土坝)。但是由于平面应变试验一般比较复杂繁琐,且很多实验室没有平面应变试验的试验装置,所以轴对称三轴试验和直剪试验虽然与真实工程条件不完全符合,但却因为相对简单,成为获取工程设计参数的最常用的试验方法。

从三轴压缩或直剪试验结果得到平面应变条件下的设计参数方法有两种。一是直接将三轴压缩或直剪试验得到的强度参数(如摩擦角)应用于平面应变条件;二是采用经验或者半经验的方法通过三轴压缩或直剪试验的参数推算试样在平面应变条件下的强度参数。很多文献研究发现,平面应变条件下试样的摩擦角一般比三轴压缩或直剪试样大(Cornforth, 1964；Henkel and Wade, 1966；Rowe, 1969；Lee, 1970),本书数值模拟的结果同样验证了这一观点。在第 4 章中,表 4.2 和图 4.8 比较了平面应变、三轴压缩、直剪条件下试样的峰值摩擦角和临界状态摩擦角。相同条件下(孔隙比相同、围压/荷载相同),平面应变试样的摩擦角要比在三轴压缩和直剪条件下试样摩擦角大。所以将三轴压缩和直剪试验结果直接应用于平面应变条件的方法会使得设计偏于保守。另外发现,在平面应变、三轴压缩、直剪试样中,直剪试样的摩擦角最小,平面应变试样与三轴压缩试样参数比较接近,而与直剪试样参数相差较大。这与文献中有的结论并不一致,有的研究(Liu, 2006)认为直剪条件与平面应变条件更为相似。虽然偏于保守的设计对工程安全比较有利,但是过于保守会造成经济上的浪费。

对于从三轴压缩或直剪试验计算得到平面应变条件下设计参数的方法,已有学者进行了大量研究(Rowe,1962;Bolton,1986;Hanna,2001;Ramamurthy and Tokhi,1981)。相关理论在第 2 章都有所介绍,数值模拟中的测量值与计算值的比较在第 4 章也有讨论,比较的结果见图 4.11 至图 4.14。从数值模拟的结果来看,一些根据三轴压缩或直剪试验结果推导出的平面应变试样强度参数与直接测量得到的平面应变试样强度参数比较吻合(Hanna,2001;Ramamurthy and Tokhi,1981),但也有一些公式计算的结果会高估平面应变试样的强度(Bolton,1986)。所以,在使用经验或半经验公式由三轴压缩或直剪试验结果估算平面应变试样强度参数时,需要非常谨慎,如果对强度高估,会造成设计的不安全。

7.2.2 剪切应变

剪切应变是岩土工程中另一个非常重要的参数,比如,第一主应力方向的应变与路堤路面的下沉直接相关。由于应力、应变和强度问题密切相关,所以峰值应力或峰值强度对应的应变是很多学者研究的重点。Bishop(1966)和 Cornforth(1964)对砂土试样进行了一系列的平面应变试验和三轴压缩试验。结果发现,三轴压缩试样破坏时所对应的应变是平面应变试样破坏时的应变的两倍以上。Henkel 和 Wade(1966)也进行了一系列平面应变和三轴压缩的比较试验,他们发现平面应变试样达到峰值强度的轴应变约为 2% 左右,而三轴压缩试样达到峰值强度时的轴应变约为 6%。本书采用数值模拟研究了平面应变和三轴压缩试样峰值强度对应的轴应变。由于松散试样(包括平面应变和三轴压缩)在整个抗剪过程中,偏应力一直增加,没有峰值出现,所以不考虑松散试样。密实试样和中密试样达到峰值强度时所对应的应变值见表 7.1。图 7.1 所示为平面应变试样和三轴压缩试样峰值强度对应的应变值比较。从表 7.1 和图 7.1 中可以发现,三轴压缩试样峰值强度对应的轴应变值总是比相应的平面应变试样大。这与其他学者的室内试验结论相一致,所不同的是三轴压缩试样峰值强度对应的轴应变值与相应的平面应变试样相差不像以前试验结果的差别那么大,没有相差到两到三倍。这一结论的重要之处在于,如果根据以往三轴压缩试验与平面应变试样峰值强度对应的应变的比较关系,从三轴压缩试验得到的应变来估算平面应变下的应变,结果会偏小,这样的设计是不保守的。

表 7.1 中密和密实试样峰值强度对应的 ε_1 和 ε_3

	ε_1(%)		ε_3(%)	
	PS	CTC	PS	CTC
M75	1.7	2.1	−2.5	−1.5
D75	1.2	1.5	−2.1	−1.3
M150	1.9	2.3	−2.5	−1.5
D150	1.8	2.0	−2.8	−1.7
M450	2.9	3.8	−3.0	−2.2
D450	2.8	3.1	−3.5	−2.2

表 7.1 和图 7.1 还列出了小主应力方向的平均应变 ε_3。从图中可以发现,平面应变试样小主应力方向的平均应变比对应的三轴压缩试样大。如果小主应力方向的应变有限制,

那么根据三轴压缩试验结果计算出的平面应变条件下的应变将会偏小,这也是不保守的。

从表7.1中还可以发现,试样达到峰值强度时,平面应变试样小主应力方向的平均应变比大主应力方向的轴应变大。而三轴压缩试样刚好相反,小主应力方向应变比大主应力方向小。这反映了平面应变条件下试样在第二主应力方向的约束作用。

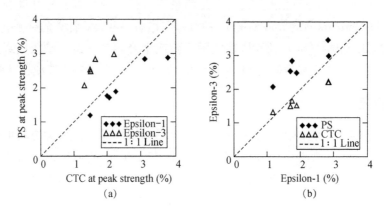

(a)　　　　　　　　　　(b)

图 7.1　平面应变试样和三轴压缩试样峰值强度比较

7.3　应变局部化

7.3.1　应变局部化形式

在第5.2.1节中通过破坏变形对应变局部化现象进行了初步的讨论。但是,破坏形状只是对应变局部化的初步判断,并不精确。内部结构和破坏形式远比它的外观表现要复杂得多。可以通过孔隙比、颗粒方向以及颗粒位移等细观参数对试样应变局部化细节进行更深入细致的分析。

不少学者对应力局部化现象已经进行了大量的试验研究和理论分析,探讨平面应变或三轴压缩条件下,不同条件下(试样密实度,围压大小)试样是否出现应变局部化现象或剪切带,对两种荷载条件下的应变局部化的形式进行了对比分析研究(Lee,1970;Harris et al.,1995;Desrues et al.,1996;Finno et al.,1996;Alshibli et al.,2003;Batiste et al.,2004)。

Lee(1970)采用饱和细砂进行了一系列的平面应变试验和三轴压缩试验,比较了这两种荷载条件下的应变局部化现象。试验发现,所有的平面应变试样都有一个明确的剪切面并沿着剪切面破坏,而三轴压缩试样破坏形式则与试样密实度和围压大小有关。三轴压缩密实试样在低围压下沿着一个剪切面破坏,但是松散试样以及高围压下的所有试样都是发生鼓胀破坏。Han 和 Vardoulakis(1991)通过试验发现,在由位移控制的不排水平面应变试验中,剪缩试样不会形成剪切带。Harris 等(1995)和 Finno 等(1996)对松散砂土进行了一系列的平面应变试验,并用立体摄影测量方法研究试样剪切带。结果表明,在排水和不排水条件下试样中都有剪切带形成。Peric 等(1992)对平面应变和三轴压缩条件下的应变局部化现象进行了理论分析,他们认为应变局部化是分叉问题,且平面应变试样比三轴压缩试样更容易出现分叉现象。而且,在 Drucker-Prager 模型中发生硬化的三轴压缩试样不可能出现分叉现象。Desrues 等(1996)对砂土进行了一系列的三轴压缩试验,并采用计算机断层图像法研究试样的应变局部化现象。研究发现,在密实试样中有明显的应变局部化现象,而在松散试样中没有观察到试样密度发生变化的应变局部化区域,因此没有观察到应变局部化现象。Alshibli 等(2003)使用 Ottawa 砂进行了一系列的三轴压缩和平面应变试验。所有的平面应变试样都观察到了两个相交叉的剪切带,且发现围压是影响平面应变试样稳定性的主要因素。对三轴压缩试样,360°全方位的观察只发现均匀的鼓胀而没有发现剪切带的形成,但是使用计算机断层图像法,发现了两个主要的锥面以及多个沿半径和轴线对称开展的次要剪切带。Bartiste 等(2004)也观察到了同样的现象。

从上述研究成果可以发现,不同学者对应变局部化现象的看法有所不同。本书通过一些细观结构参数,包括孔隙比分布、颗粒旋转、颗粒位移等来分析剪切带的形成与发展。三维的应变局部化现象比二维的要复杂得多,在二维分析中,可以把发生应变局部化的区域简单看成一个条带,但在三维分析中,由于加压板的约束作用,应变局部化现象出现在一条弯曲的条带内(剪切带因运动受限而弯曲),不同位置的二维切片上的剪切带形状(倾角和厚度)将会不同。所以为了比较不同试样的应变局部化现象,采用中心切面上的剪切带形状来代表整个试样的剪切带形状。

图 5.6 至图 5.20 所示为平面应变、三轴压缩、直剪试样中心切面的孔隙比云图。图 5.23 至图 5.25 所示为试样应变较大状态下中心切面附近的颗粒旋转。相应的颗粒旋转云图见图 5.26 至图 5.28,位移云图见图 5.32 至图 5.34。如果对所有这些图一起进行综合分析,就可以发现,荷载条件是影响应变局部化现象的最主要因素。从孔隙比分布、颗粒旋转、颗粒位移图上看,对平面应变条件下的试样,无论是中密还是密实,低围压还是高围压,都有剪切带的形成,但是松散试样没有出现明显的剪切带。但对三轴压缩条件,任何密实度的试样在任何围压下都没有出现明显的剪切带,而是发生鼓胀变形,试样孔隙比、颗粒旋转、颗粒位移在试样中部的变化都比较大,说明试样中部发生鼓胀变形。这些结论与一些学者的结论相似(Alshibli et al.,2003),又与一些学者的结论不同(Lee,1970)。对平面应变试验,试样密实度是影响剪切带的主要因素,密实试样的剪切带比较明显,中密试样可以观察到剪切带的形成但没有密实试样那么明显。松散试样没有观察到剪切带,试样主要为变短的鼓胀破坏,且试样孔隙比、颗粒旋转和颗粒位移都更加均匀而不是局部化。围压的大小是影响剪切带形成与开展的第二因素。低围压下的试样一般有两个剪切带,但是高围压下试样只有一个明显的剪切带。所以,在平面应变荷载条件下,试样越密实,围压越大,"局部化"现象越明显。尽管三轴压缩试样没有出现明显的剪切带,但是这一结论同样适用。三轴压缩试样越密实,围压越大,试样中部孔隙比、颗粒旋转和颗粒位移较大的区域在试样中部就会变得更窄更集中。

7.3.2 剪切带形状

如前所述,三维试样中的剪切带形状比较复杂。不同位置不同方向剪切带的倾角和厚度都可能不同。本书对低围压和高围压下的密实试样的剪切带的倾角和厚度使用观测法进行了近似分析,通过试样的一些细观参数如孔隙比、颗粒旋转、颗粒位移等来分析剪切带的形成与开展。图 7.2 所示分别为密实平面应变试样在低围压(75 kPa)和高围压(450 kPa)临界状态时的孔隙比、颗粒旋转和颗粒位移的分布图。

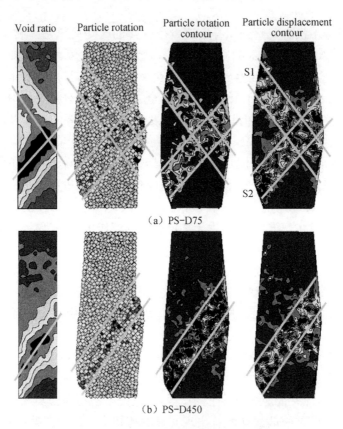

图 7.2　平面应变临界状态剪切带示例

从图 7.2 中可以发现,同一试样在相同状态下,通过不同细观参数(孔隙比、颗粒旋转、颗粒位移)近似获得的剪切带形状基本相同,即从不同参数分布图测量得到的剪切带的倾角和厚度非常接近,这表明根据这些细观参数通过测量得到剪切带形状这一方法是可行的。

在第 2 章中介绍过,文献中有三个非常重要的近似计算剪切带倾角的理论解,分别是 Coulomb(1773)、Roscoe(1970)和 Arthur 等(1977)提出的计算剪切带倾角的公式:

$$\theta_C = 45° + \frac{\phi_P}{2} \tag{7.1}$$

$$\theta_R = 45° + \frac{\psi_P}{2} \tag{7.2}$$

$$\theta_A = 45° + \frac{\phi_P + \psi_P}{4} \tag{7.3}$$

式中,θ_C、θ_R 和 θ_A 分别是根据 Coulomb(1773)、Roscoe(1970)和 Arthur 等(1977)提出的公式计算得到的剪切带倾角,ϕ_P 是峰值摩擦角,ψ_P 是峰值膨胀角。Vardoulakis(1980)把剪切带的形成看作是分叉问题,他认为根据 Coulomb 公式和 Roscoe 公式计算得到的值分别是剪切带倾角的上限值和下限值。只有达到峰值时,才可能达到 Coulomb 公式的剪切带倾角,理论分析结果与 Arthur 等公式计算结果比较相近,这一结论也被一些试验所验证。

在本书中,PS-D75 和 PS-D450 的峰值摩擦角 ϕ_P 值分别为 45.9°、43.2°,峰值膨胀角 ψ_p 值分别为 45.9°、43.2°。PS-D75 试样有两条剪切带,而 PS-D450 只有一条剪切带。通过图 7.2 测量出的剪切带倾角和通过式(7.1)、式(7.2)、式(7.3)得出的计算值见表 7.2。从表中可以看出,数值模拟结果试样测量值与三个公式计算值相比偏小,且与 Roscoe 预测值比 Coulomb 值和 Arthur 值更为接近。这可能是由于数值模型中颗粒分布和形状与真实试样相比过于均匀,导致模拟试样剪切带倾斜角偏向下限值。

表 7.2　剪切带倾角测量值和计算值

		测量值	Coulomb 计算值	Roscoe 计算值	Arthur et al. 计算值
PS-D75	Shear band 1	55°	68°	57.6°	62.8°
	Shear band 2	47°			
PS-D450		54°	66.6°	55.5°	61°

之前已有很多学者,采用理论分析法(Muehlhaus and Vardoulaski 1987)、试验法(Han and Drescher 1993)、数值模拟法(Bardet and Proubet 1991)对剪切的厚度进行了研究,Frost 等(2004)对文献中的研究成果进行了总结分析。但是不同学者得出的结论并不一致,比如,Harris 等(1995)通过试验分析发现剪切带的厚度大约为颗粒平均直径的 12 到 17 倍,但是 Oda and Kazama(1998)认为是颗粒平均直径的 7 到 8 倍。Evans(2005)通过试验分析认为剪切带厚度为 d_{50} 的 11 到 12 倍,但是二维的数值模拟的结果却是 15 到 19 倍。根据图 7.2 测量的剪切带厚度大约为平均颗粒直径的 7 倍,这与 Oda 和 Kazama(1998)结论比较一致。但是,通过图像测量获得的只是一个近似值,还需要更准确的方法来确定剪切带厚度。

另一个值得注意的是,在完全形成的剪切带和未发生变化的试样部分之间具有过渡带。Evans(2005)首次在平面应变试验中提出过渡带这一概念,Hebeler(2005)在与连续介质相连的颗粒集合体的剪切试验中也观察到了这一现象。本书中,从图 7.2 孔隙比分布中可以观察到这一现象。

7.4　临界状态或大应变状态

7.4.1　临界状态模型参数

土力学临界状态的发展和临界状态模型的提出是岩土工程学科的重大进步(Schofield and Wroth,1968)。土体中的临界状态是指土体在体积和有效应力不变化的情况下,剪切应变仍持续发展达到流动的最终状态。临界状态模型的优点是破坏标准考虑了体积的变化，而摩尔库仑模型的破坏标准只是基于最大应力定义的。

在临界状态模型中，用应力不变量 q 和 p［见式（4.1）和式（4.2）］代替 τ 和 σ。相应地，用 $(q,\,p)$ 坐标系中斜率为 $M=q_{cs}/p_{cs}$ 的破坏线代替摩尔库仑 $(\tau,\,\sigma)$ 坐标系中斜率为 $\tan\varphi=\tau_{cs}/\sigma_{cs}$ 的破坏线。同时，用 $(e,\,\ln p)$ 曲线代替 $(e,\,\ln\sigma)$ 曲线，且将 e-$\ln p$ 曲线的斜率定义为 λ。临界状态模型的核心思想是在 $(q,\,p,\,e)$ 坐标空间内，土体的破坏存在一个唯一破坏曲面。

Mooney 等（1998）对砂土的临界状态进行了一系列的研究。研究发现，在平面应变试验中，只有剪切带内土体达到或符合临界状态的概念。剪切带内土体的切应力不变，体积也不变。Mooney 等绘制的 q-p' 曲线和 e-p' 曲线见图 7.3。

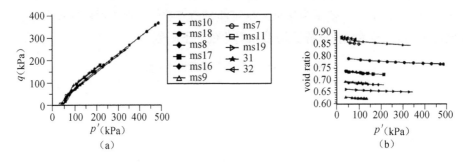

图 7.3　Mooney 等（1998）绘制的 q-p' 曲线和 e-p' 曲线

本书中平面应变和三轴压缩试样临界状态下的 q-p 曲线和 e-$\ln p$ 曲线见图 7.4。从图 7.4(a) 中可以看出，平面应变试样和三轴压缩试样的 $(q_{cs},\,p_{cs})$ 点分别沿不同的直线，而与初始孔隙比和围压大小无关。这与图 7.3 所示的 Mooney 等的结论一致。平面应变试样的 q_{cs}-p_{cs} 斜率（$M_{ps}=0.86$）比三轴压缩试样（$M_{ctc}=1.06$）小，这表明相同荷载条件下应力比相同，不同荷载条件应力比不同。Mooney 等认为对一种砂土，平面应变试样的 M 是定值，是一个材料特性参数。从本书结果看，这一材料特性参数与荷载条件有关，即不同荷载条件下这一参数值不同。

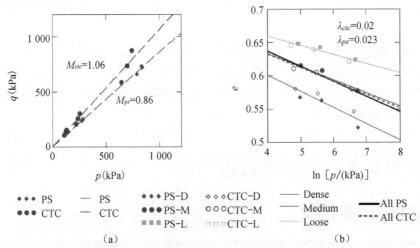

图 7.4　平面应变试样和三轴压缩试样的 q-p 曲线和 e-$\ln p$ 曲线

图 7.4(b)为不同条件下试样的 e-$\ln p$ 曲线,从图中可以发现,初始孔隙比相同的试样的(e_{cs},$\ln p_{cs}$)点近似在同一条直线上,而与荷载条件无关。这同样与 Mooney 等的结论相一致,Mooney 等认为初始孔隙比相同的砂土可能具有同一条临界状态直线。虽然 Mooney 等没能对这一结论进行验证,但是这一结论与后来一些学者提出的砂土的最终密实度概念的研究结果相一致(Evans,2005;Narsilio and Santamarina,2008)。本书的数值模拟结果也对这一结论进行了验证,即所有试样的临界状态直线的斜率一致,与荷载条件无关,但临界状态直线的截距不同,取决于试样的初始孔隙比。计算平面应变试验和三轴压缩试验的 λ 值,发现它们非常接近($\lambda_{ps}=0.023$ 和 $\lambda_{ctc}=0.020$)。因此,本书可以得到与 Mooney 等相同的结论,即 e-$\ln p$ 曲线的斜率和 λ 都是材料的特性参数。

综上所述,应力比、M、e-$\ln p$ 曲线的斜率、λ 都是材料参数。但是 M 是与荷载条件相关而与初始孔隙比以及围压无关的参数,而 λ 是与初始孔隙比有关而与荷载条件无关的参数。这一结论与 Mooney 等(1998)研究结论相一致,即一种砂土的临界状态孔隙比不是唯一的,而与试样的初始孔隙比以及荷载条件有关。

7.4.2 宏观性质

本节进一步比较分析不同荷载条件下的试样在临界状态时的宏观特性,这些宏观特性包括摩擦角、膨胀角和体积应变。

图 7.5(a)、(b)所示为临界状态下平面应变和三轴压缩以及平面应变和直剪试验试样的摩擦角的对比。从图 7.5(a)中可以发现,临界状态下,对于中密试样和松散试样,平面应变条件时的摩擦角比三轴压缩时大,但是对于密实试样,平面应变条件时的摩擦角比三轴压缩条件时小。平面应变条件下所有试样临界状态下平均摩擦角为 28.9°,大于三轴压缩条件下试样的平均摩擦角(27.2°)。从图 7.5(b)中可以看出,平面应变试样临界状态下的摩擦角总比直剪试样大。直剪条件下,所有试样临界状态时的平均摩擦角为 20.9°,小于平面应变试样(28.9°)。所以,临界状态下,三轴压缩试样的摩擦角与平面应变试样更为接近,这与有些学者提出的直剪条件下的试样与平面应变条件更为相似的结论相矛盾(Liu,2006)。

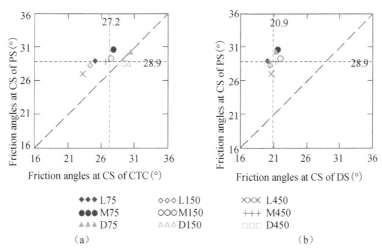

图 7.5 临界状态时不同荷载条件下试样摩擦角对比

(a)平面应变与三轴压缩试样对比;(b)平面应变和直剪试样对比

M 值与 ϕ_{cs}(临界状态摩擦角)有关。三轴对称压缩试样的 M 与 ϕ_{cs} 的关系可以表示为

$$M_c = \frac{6 \sin \phi_{cs}}{3 - \sin \phi_{cs}} \tag{7.4}$$

三轴压缩试样临界状态下的平均摩擦角为 $27.2°$,根据式(7.4)计算而得 $M_c = 1.08$。该值与 $q\text{-}p$ 曲线上直接测得的值 1.06 非常相近。

图 7.6(a)、(b)所示为临界状态下平面应变和三轴压缩以及平面应变和直剪试样膨胀角的对比。对松散试样,平面应变试样膨胀角比相应的三轴压缩试样和直剪试样大,但是对中密和密实试样,平面应变试样膨胀角比相应的三轴压缩试样和直剪试样小。临界状态下平面应变、三轴压缩、直剪试样的平均膨胀角分别为 0.1、4.2、7.3。

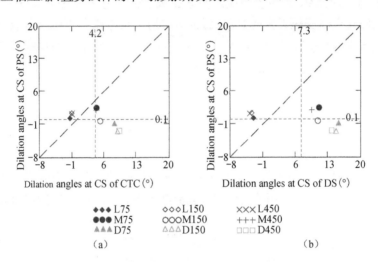

图 7.6 临界状态时不同荷载条件下试样膨胀角对比

(a) 平面应变与三轴压缩试样对比;(b) 平面应变和直剪试样对比

图 7.7 所示为临界状态下平面应变试样和三轴压缩试样体积应变的比较。从图中可以看出,密实平面应变试样体积应变比相应的三轴压缩试样大,但是中密试样和松散试样的体积应变相近。

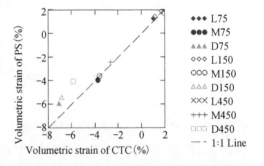

图 7.7 临界状态时平面应变试样和三轴压缩试样体积应变对比

7.4.3 试样孔隙比和配位数

在第 5 章中,通过球形分区法分析试样孔隙比,使用该方法计算孔隙比可以忽略颗粒与边界的孔隙,从而提高计算精确度。第 5 章通过试样孔隙比云图讨论了孔隙比分布及其随轴应变的发展变化。这里对不同荷载条件下试样临界状态时的孔隙比进行分析,图 7.8(a)、(b)所示分别为平面应变—三轴压缩和平面应变—直剪试验临界状态下试样孔隙比的比较。从图中可以看出,平面应变试样孔隙比比相应的三轴压缩试样大。当试样密度较低

以及围压较小时,平面应变试样和三轴压缩试样孔隙比比较接近。比较平面应变和直剪条件下试样的孔隙比发现,高围压下,不论密实度大小,平面应变试样的孔隙比总是比相应的直剪试样大。但是在低围压下,密实和中密的平面应变试样孔隙比比相应的直剪试样小。

试样的配位数同样可以根据球形分区法计算。这里讨论试样的整体配位数。从图5.21可以看出,随着加载过程的进行,在大应变或临界状态下,平面应变、三轴压缩和直剪试样的配位数基本是同一常数。这与其他学者的研究结果一致(Rothenburg and Bathurst,1993;Antony,2001;Rothenburg and Kruyt,2004)。这里用"临界配位数"表述这一现象。图7.9(a)、(b)所示为临界状态下平面应变和相应的三轴压缩以及直剪试样配位数的对比。从图中可以看出,临界配位数受围压(或竖向压力)大小的影响较大。不同荷载条件下的试样,当围压相同时,临界配位数相近。但相较于直剪试样,三轴压缩试样配位数与平面应变试样更加接近。所以,配位数是试样临界状态时一个非常重要的特性参数。

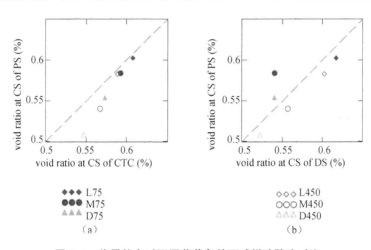

(a)   (b)

图7.8 临界状态时不同荷载条件下试样孔隙比对比

(a)平面应变与三轴压缩试样对比;(b)平面应变和直剪试样对比

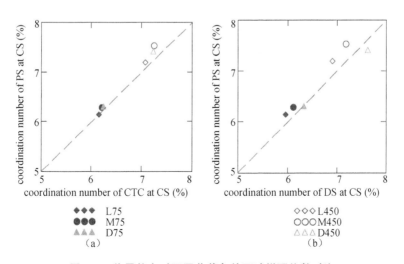

(a)   (b)

图7.9 临界状态时不同荷载条件下试样配位数对比

(a)平面应变试样与三轴压缩试样对比;(b)平面应变试样和直剪试样对比

7.5　熵分析

很多学者(Rothenburg，1980；Kruyt and Rothenburg，2002；Yang，2002；Bagi，2003)采用熵这一参数来研究颗粒材料的细观结构。统计学上熵 H_v 的定义为

$$H_v = -\sum_{i=1}^{n} p_i \cdot \log_n p_i \tag{7.5}$$

式中，p_i 是直方图中位于第 i 个分区的值的频率，n 是总的分区数。熵值的大小介于 0 到 1之间。熵越大意味着这种分布越容易出现，熵值为 0 表示所有值位于同一个分区，也就是极度各向异性分布，熵值为 1 表示值在各个分区内均匀分布，说明是各向同性分布。

在第 6 章中采用立体图像体视学分析法对局部孔隙比分布和颗粒方向分布进行了研究。在使用图像分析法分析局部孔隙比和颗粒方向分布时，可以用熵值这一参数来进行分析。本书以高围压下的密实试样为例，对不同的荷载条件试样的局部孔隙比分布的熵值和颗粒方向分布熵值进行了分析比较。图 7.10 所示为局部孔隙比分布熵值随轴应变的变化关系。从图中可以看出，在测量或计算局部孔隙比时，如果局部区域过大取平均值会使结果偏于平均化，从而不能真实反映试样的破坏方式。图 7.11 所示为颗粒方向分布熵值随着轴应变的变化关系。从图中可以看出，颗粒方向分布熵值受荷载条件的影响较大。平面应变试样在轴应变达到 3% 前，颗粒方向分布熵随着轴应变增加而增加，然后随着轴应变增加而减小，当轴应变达到 5% 后，熵值又开始随着轴应变增加而增加。这些变化表明，试样在达到峰值强度前，颗粒方向向着均匀分布变化。当试样达到峰值强度以后，颗粒方向向着某一方向变化，试样开始变得越来越不均匀。当应变达到 5% 后，试样又开始变得越来越均匀。颗粒方向分布熵值的第一次增加和减小与剪切带的形成有关。应变较大时，熵值的再次增加与剪切带中柱状结构的破坏有关。对于三轴压缩试样，颗粒方向分布熵值在加载过程中一直增加，表明三轴压缩试样在抗剪过程中，颗粒方向分布越来越均匀，这与三轴压缩试样的鼓胀扩散破坏相对应。对于直剪试样，刚开始加载时熵值减少，表明从一开始试样就出现了应变局部化现象，而随后熵值增加，表明试样变得越来越均匀。当应变达到 5%时，颗粒方向分布熵开始减小，说明越来越多的颗粒方向趋向于一致。在应变较大时，熵值又开始增加，表明试样向均匀变化。

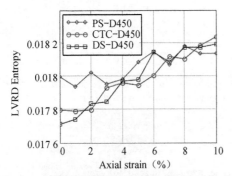

图 7.10　高围压/荷载下密实试样局部孔隙比分布熵值与轴应变的关系

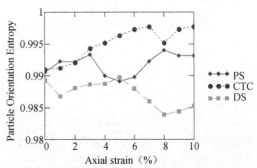

图 7.11　高围压/荷载下密实试样颗粒方向分布熵值与轴应变的关系

所有试样在临界状态时的局部孔隙比分布熵值和颗粒方向分布熵值如图 7.12(a)、(b) 所示。从图中可以看出,绝大部分三轴压缩试样的孔隙比分布熵值和颗粒方向分布熵值比 相应的平面应变试样和直剪试样大,这表明分散破坏时局部孔隙比分布和颗粒方向分布更 加无序,试样相对更加均匀。

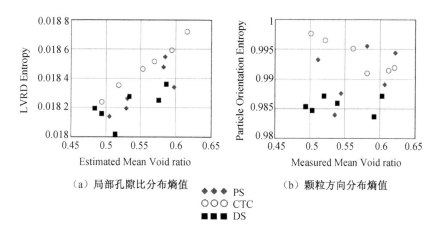

（a）局部孔隙比分布熵值　　　　　　（b）颗粒方向分布熵值

$\blacklozenge\blacklozenge\blacklozenge$　PS
$\bigcirc\bigcirc\bigcirc$　CTC
$\blacksquare\blacksquare\blacksquare$　DS

图 7.12　临界状态时(a)局部孔隙比分布熵值和(b) 颗粒方向分布熵值

7.6　直剪试验统计分析

在第 6 章中,对颗粒方向、接触方向、法向接触力、切向接触力的球形分布图采用椭球进 行拟合,公式如下:

$$\frac{x^2}{a^2} + \frac{y^2}{b^2} + \frac{z^2}{c^2} = 1 \tag{7.6}$$

式中,a、b、c 分别为椭球半轴长。使用这种拟合方法时,一个重要的假设是椭球轴的方向 与系统坐标轴方向一致。对平面应变和三轴压缩试验,因为试样的颗粒方向、接触方向、法 向接触力、切向接触力球形分布图拟合的椭球轴与坐标轴方向相一致,所以这一假设是成 立的。但对直剪试验,这一假设不能成立,因为在试样受剪过程中主应力发生旋转,所以拟 合椭球轴与坐标系轴方向不一致,应该用广义椭球(半轴方向任意)对直剪试样的球形分布 图进行拟合。

设矩阵 $\boldsymbol{h}$ 的每一列为球形直方图上的一个数据点坐标 x、y、z,那么通过矩阵 $\boldsymbol{h}^{\mathrm{T}}\boldsymbol{h}$ 的特 征向量可以确定拟合椭球轴方向,矩阵 $\boldsymbol{h}^{\mathrm{T}}\boldsymbol{h}$ 的特征值可以确定拟合椭球轴的长度。这种方 法与主要成分分析法(Principal Components Analysis,PCA)相似。得到椭球的轴长,便可 以通过椭球的轴长比来表征试样的各向异性程度。本书中,椭球的轴长比取最长轴与最短 轴的比值。

本章与第 6 章的另一个重要的不同点是法向接触力分布图和切向接触力分布图的算 法。在第 6 章中,首先求每个特定立体角度内的平均接触力,分布图中各个方向的半径为相应平均接触力的大小。但在这里，对每个平均接触力用所有接触的总接触力进行规格化，用每个立体角方向上规格化后的平均接触力作为该方向上直方图的半径。这两种方法各有优点。第一种非规格化方法，可以很方便地得到不同阶段接触力的相对大小，比如，可以很清楚明了地对初始状态和最终状态下切向接触力的大小进行对比。第二种规格化方法在拟合数据时更为方便，椭球具有相同轴长比尺。

图 7.13 至图 7.20 为对密实试样和松散试样的颗粒方向、接触方向、法向接触力、切向接触力的采用规格化椭球进行拟合的球形分布图。这些参数的各向异性值随加载过程的变化如图 7.21。与第 6 章的结论一样，初始状态下竖向颗粒方向较多，试样颗粒方向为各向异性分布。但是接触方向、法向接触力、切向接触力是各向同性分布的。虽然密实试样切向接触力分布图并不能近似为圆形，但是如第 6 章中提到的，密实试样初始状态时的切向接触力与最终状态的切向剪切力相比很小，可以近似认为密实试样初始状态下切向接触力的分布也是各向同性的。

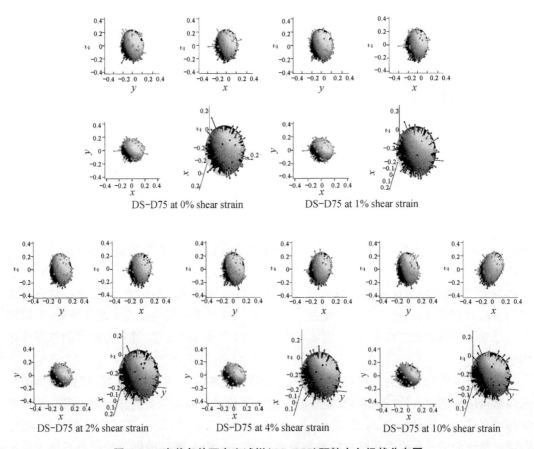

图 7.13　直剪条件下密实试样(DS-D75)颗粒方向极状分布图

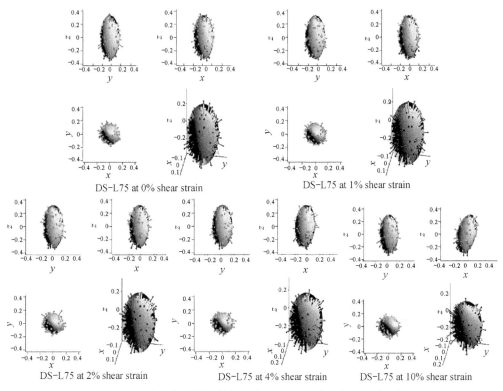

DS-L75 at 0% shear strain   DS-L75 at 1% shear strain

DS-L75 at 2% shear strain   DS-L75 at 4% shear strain   DS-L75 at 10% shear strain

图 7.14   直剪条件下松散试样(DS-L75)颗粒方向极状分布图

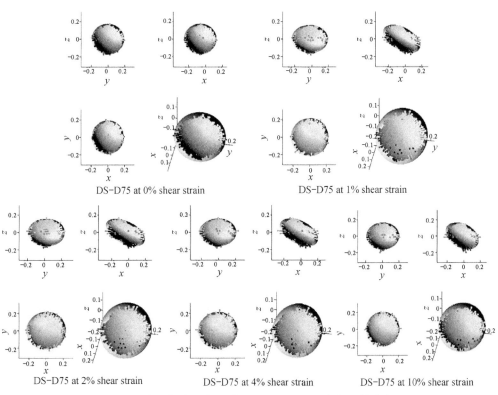

DS-D75 at 0% shear strain   DS-D75 at 1% shear strain

DS-D75 at 2% shear strain   DS-D75 at 4% shear strain   DS-D75 at 10% shear strain

图 7.15   直剪条件下密实试样(DS-D75)接触方向极状分布图

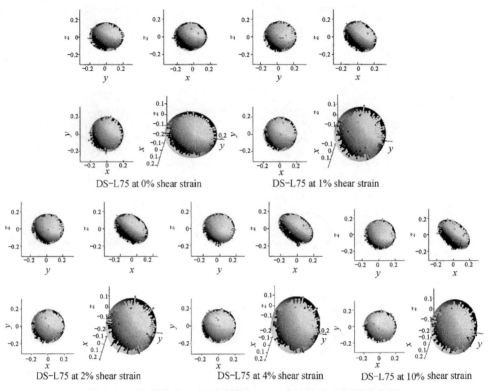

图 7.16 直剪条件下松散试样(DS-L75)接触方向极状分布图

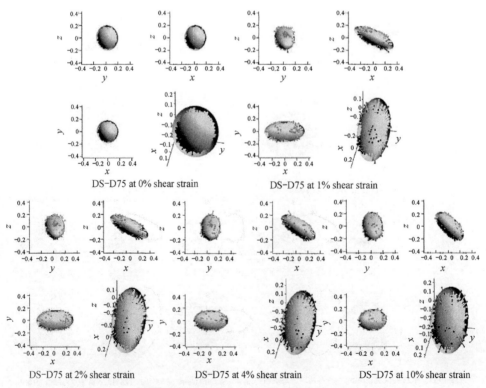

图 7.17 直剪条件下密实试样(DS-D75)法向接触力极状分布图

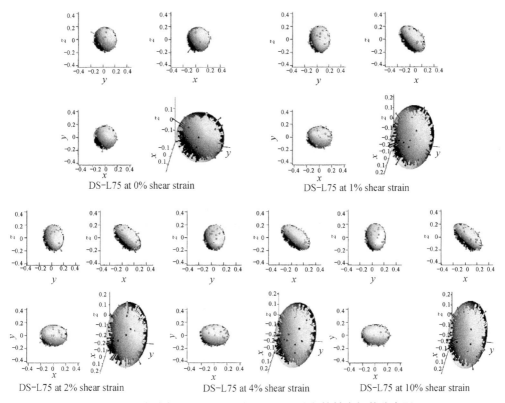

DS-L75 at 0% shear strain　　　　DS-L75 at 1% shear strain

DS-L75 at 2% shear strain　　　　DS-L75 at 4% shear strain　　　　DS-L75 at 10% shear strain

图 7.18　直剪条件下松散试样(DS-L75)法向接触力极状分布图

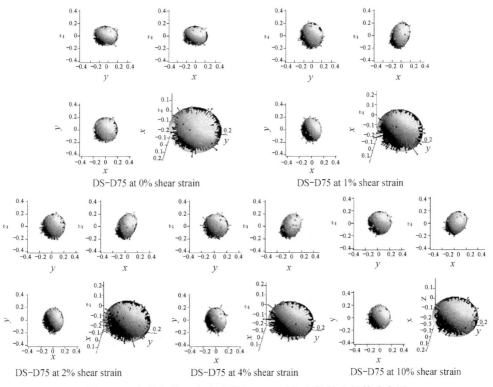

DS-D75 at 0% shear strain　　　　DS-D75 at 1% shear strain

DS-D75 at 2% shear strain　　　　DS-D75 at 4% shear strain　　　　DS-D75 at 10% shear strain

图 7.19　直剪条件下密实试样(DS-D75)切向接触力极状分布图

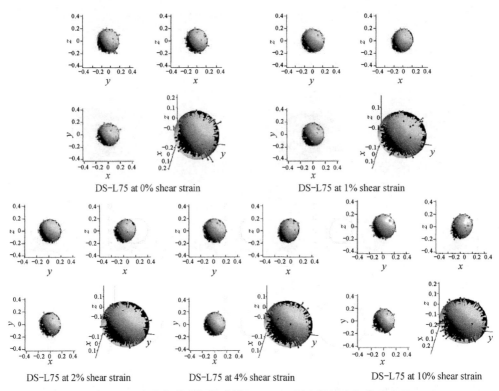

DS-L75 at 0% shear strain　　　　　　DS-L75 at 1% shear strain

DS-L75 at 2% shear strain　　　DS-L75 at 4% shear strain　　　DS-L75 at 10% shear strain

图 7.20　直剪条件下松散试样(DS-L75)切向接触力极状分布图

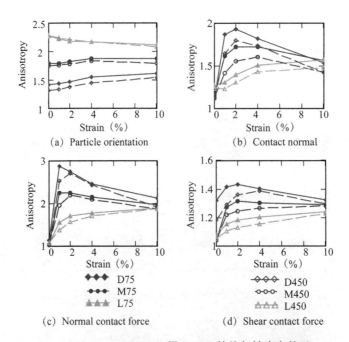

(a) Particle orientation　　　　　　　(b) Contact normal

(c) Normal contact force　　　　　　　(d) Shear contact force

D75　　　D450
M75　　　M450
L75　　　L450

图 7.21　熵值与轴应变关系

(a) 颗粒方向;(b) 接触方向;(c) 法向接触力;(d) 切向接触力

从图 7.21 可以发现,接触(接触方向、法向接触力、切向接触力)各向异性值随轴应变的变化趋势与直剪试验的应力—应变曲线相似。密实试样和中密试样的各向异性值先增加再减小，而松散试样的各向异性值一直增加。但是，试样颗粒方向分布的各向异性值在整个剪切过程中变化很小。试样越密实，接触各向异性值越大，围压越小，接触各向异性值越大。密实试样颗粒方向分布的各向异性值小于松散试样。

主应力旋转是直剪试验的一个重要现象。这一现象可以通过细观参数如接触特征的统计分析来进行研究。初始状态下，所有接触方向、法向接触力、切向接触力都趋向于各向同性分布，且拟合椭球的轴方向与系统坐标轴方向一致。但是当试样受剪后，球形直方分布图由球形向椭球形变化。拟合椭球的轴方向开始转动，与坐标轴方向不再一致，拟合椭球的轴方向即为接触参数的各向异性方向。拟合椭球的轴方向的旋转方向很好地反映了直剪试验中的主应力旋转的现象。本书中，取拟合椭球的长轴方向为各向异性方向，取各向异性方向与剪切方向的夹角为各向异性角，取法向接触力的旋转方向为主应力旋转方向（角度计算从剪切方向即 x 轴开始）。

从图 7.15 至图 7.20 可以发现，当试样受剪后，接触方向的各向异性角与法向接触力一致，与切向接触力的各向异性角相垂直。这也可以从表 7.3 看出，表中所示为最终状态下（10% 应变）各项参数拟合椭球的长轴方向。从表中可以看出，接触方向的各向异性角与法向接触力的各向异性角都为负，切向接触力的各向异性角为正，法向接触力和切向接触力的各向异性角的夹角都为 90° 左右，说明法向接触力与相应的切向接触力相垂直。

直剪试验主应力方向旋转的概念由 Hill（1950）首次从理论上提出。Masson 和 Martinez（2001）采用离散元法对直剪试验进行了一系列的模拟，试验结果发现，所有试样接触力的各向异性角都接近于 45°，直剪荷载导致颗粒在接近 45° 的方向产生压缩，从而引起该方向的颗粒接触数目增加，接触力也变大。Zhang 和 Thornton（2007）发现临界状态下的主应力方向和主应变方向一致，都与水平轴成 45° 角。但是，上述结论都是基于二维数值模拟得到的，本书通过三维数值模型的细观参数球形分布图对这一现象进行了验证。图 7.22 所示为不同密实度的试样在不同竖向压力下，最终状态时法向接触力球形分布图的拟合

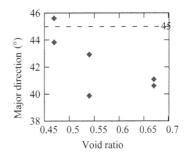

图 7.22 轴应变为 10% 时法向接触力分布图拟合椭圆长轴方向角

椭球最长轴方向角度。从图 7.22 和表 7.3 可以看出，法向接触力方向角范围为 39.8° 至 45.6°，也就是说接触力的各向异性角为 45° 左右，这与其他学者的研究结论相一致。

表 7.3 轴应变为 10% 时拟合椭球长轴方向角

	D75	M75	L75	D450	M450	L450
接触方向（°）	−26.1	−33.9	−36.6	−27.5	−34.2	−36.3
法向接触力（°）	−43.8	−39.8	−40.6	−45.6	−42.9	−41.1
切向接触力（°）	47.2	50.0	59.7	43.4	49.2	54.5
法向接触力与切向接触力方向夹角（°）	91.0	88.8	100.2	89.0	92.1	95.5

7.7 总结

本章综合使用宏、细观分析方法，对不同荷载条件下土体的行为特性从多尺度进一步地进行分析研究。

本章对试样在不同荷载条件下的剪切强度进行了比较。研究发现，文献中有些根据三轴压缩或直剪试验结果推算平面应变试样强度参数的经验、半经验的公式并不保守。对平面应变试样和三轴压缩试样最小主应力方向平均应变和最大主应力方向的轴应变进行了比较。

本章对平面应变试样和三轴压缩试样应变局部化的模式进行了比较，讨论了应变局部化的影响因素。根据不同的参数（孔隙比、颗粒旋转和颗粒位移），通过图像测量法对平面应变试样剪切带的形状（倾角和厚度）进行了分析。通过测量结果和文献中公式计算结果对比，发现 Roscoe(1970) 法计算预测的剪切带倾角更为精确。剪切带厚度约为平均颗粒直径的 7 倍，这与 Oda 和 Kazama(1998) 的结论较为接近。

本章分析了不同荷载条件下试样的临界状态特性，比较了不同荷载条件下试样临界状态模型参数 M 和 λ，对试样在临界状态下的摩擦角、膨胀角和体积应变进行了研究比较。采用球形分区法分析了试样临界状态下的孔隙比和配位数。与之前学者的研究结果一致，临界配位数接近常数。采用立体图形体视学分析法分析了局部孔隙比分布的熵值和颗粒方向分布的熵值。讨论了不同荷载条件对局部孔隙比分布的熵值和颗粒方向分布的熵值的发展变化的影响，及对临界状态时局部孔隙比分布的熵值和颗粒方向分布的熵值的影响。

采用与第 5 章不同的拟合方法，对直剪试验数据进行了统计分析。采用广义椭球对球形分布图进行拟合，研究了直剪试验中主应力轴旋转的现象。绘制了密实试样和松散试样中颗粒方向、接触方向、法向接触力、切向接触力的球形分布图，从细观角度对直剪试样统计特性进行了分析。所有直剪试样的法向接触力拟合椭球的长轴与水平轴夹角都为 45° 左右，与其他学者的试验研究和数值模拟结果相一致。

8 结论和建议

8.1 结论

本书通过离散元数值模型分析方法,研究不同荷载条件对颗粒材料宏、细观力学行为特性的影响。采用离散元颗粒流法建立三轴压缩、平面应变、直剪试验的数值模型,研究和比较了不同荷载条件下试样的应力—应变—强度—体积变化特性以及试样细观特性。采用理论分析、统计分析、立体图像体视学分析等多种方法,将试样的宏观力学行为与细观结构和细观力学特性联系起来,从细观角度对试样的宏观行为特性进行分析。主要研究内容和成果有以下四个方面:数值模拟、宏观分析、细观研究、立体图像体视学分析。

8.1.1 数值模拟

本书在离散元数值模拟方面的主要成果是提出了一种模拟实验室薄膜围压控制的计算方法,另外还提出了一种均匀试样的生成方法,提高了离散元数值模拟的真实性和准确性。

1) 边界压力对试样的应力—应变—强度—体积变化特性以及试样细观特性有重要影响。刚性墙边界、循坏周期边界和柔性边界是离散元模拟中最常用的三种边界条件模拟方法。刚性墙边界对直剪试验非常合适,但它无法模拟室内试验中常用的薄膜边界条件。循环周期边界能很好地降低薄膜边界模拟中边界面的影响,但无法捕捉试样在边界处的变形。用一系列粘结成串的颗粒组成的柔性边界可以较好地模拟薄膜为平面的平面应变试验,所以对平面应变试验比较适用。但对于三轴压缩试验,薄膜为圆柱形,试样为鼓胀变形破坏,变形时圆柱薄膜部分直径会增加,如果采用柔性边界,在变形破坏时需要在环向增加颗粒,这在数值模拟中较难实现,所以对三轴压缩试验,柔性边界不太适用。因为离散元模拟中墙与墙之间没有相互作用,本书提出一种新的薄膜边界模拟方法——堆叠平面墙法和堆叠圆柱墙法,分别用来模拟平面应变试验和三轴压缩试验中的薄膜。堆叠墙中的每个单元墙能独立变形和运动,通过数值伺服机制控制边界墙的速度来施加一定的围压。堆叠墙法模拟薄膜既具有柔性边界的优点,又可以捕捉试样边界处的变形,从而可以更好地分析应变局部化,同时薄膜边界对试样的影响较小。另外,相较于采用颗粒串模拟的柔性边界,因为薄膜边界没有采用颗粒模拟,计算颗粒数减少,计算效率较高。

2) 在采用数值模拟对天然土体进行模拟时,为保证数值模型的宏、细观性质与天然材料一致,数值模型试样的初始均匀性非常重要。以前的方法通过在给定的空间内的任意位置生成任意方向颗粒来保证试样的均匀,但是研究发现,常用的颗粒生成方法生成的试样的均匀性都不够好。比如三轴压缩试样的水平剖面是一个圆,所以在这个圆平面上颗粒方向分布和接触方向分布应该是各向同性的。但是研究结果发现,以前的方法生成的试样在边界处并不够均匀。本书提出了一种新的随机坐标算法,在生成一个新颗粒时,交替采用新的算法计算 x、y 坐标值。通过该方法,生成的试样更加均匀,比如三轴压缩试样水平面上的颗粒方向和接触方向分布各向同性程度更高。

8.1.2 宏观分析

本书从宏观角度对不同荷载条件下试样的应力—应变—强度特性和体积变化特性进行了分析。

1) 密实试样一般具有明显的峰值偏应力或峰值应力比,且试样发生剪切膨胀。松散试样发生剪切压缩,没有出现明显的峰值偏应力或峰值应力比。对于出现明确峰值偏应力的试样,平面应变试样峰值偏应力对应的轴应变比三轴压缩试样小。

2) 平面应变条件下密实试样应变软化现象一般比三轴压缩条件下更加明显。在平面应变模拟中,如果试样破坏时发生应变局部化,会伴随应变软化现象和体积变化,但是一旦应变局部化形成,应变软化现象和体积变化基本停止。

3) 不同荷载条件下相同围压和相同孔隙比的试样,平面应变试样的峰值摩擦角最大,三轴压缩试样次之,直剪试样最小。在相同的荷载条件下,围压越大、孔隙比越低,峰值摩擦角越大。临界状态时,平面应变试样的摩擦角最大,三轴压缩试样次之,直剪试样最小。但在相同荷载条件下,围压不同、孔隙比不同的试样的临界摩擦角相近。

4) 研究发现,三轴压缩条件和平面应变条件下材料的小应变特性具有很大差别,但是在采用三轴压缩试验结果估算平面应变条件下强度参数的方法的实际工程中很少考虑这一差别。本书利用线弹性模型根据三轴压缩试验结果值计算了小应变状态时平面应变试验试样的杨氏模量和泊松比。但数值模拟结果发现,根据三轴压缩模拟结果计算得到的杨氏模量比通过平面应变模拟直接测出来的值大。这说明颗粒材料在小应变状态时也并不完全符合线弹性模型,且三轴压缩试样变形后不再是标准的直立圆柱,平面应变试样变形后也不是正交长方体。

5) 将平面应变试验数值模拟直接测得的强度系数与采用经验或半经验公式根据三轴压缩或直剪试验结果推算的平面应变条件的试样抗剪强度系数进行了对比。发现有的经验公式(Hanna, 2001;Ramamurthy and Tokhi, 1981)推算的平面应变强度参数与数值模型的实测值比较接近。但有些公式计算结果比实测值大(Bolton, 1986)。所以,在采用经验或半经验公式根据三轴压缩或直剪试验结果推算平面应变试样参数时需要特别注意,避免不保守设计计算。

8.1.3 细观分析

本书从细观角度,采用分析法和统计法对材料宏观特性、颗粒特性和接触特性进行了分析研究。

1) 不同荷载条件下的试样破坏形式不同。中密和密实的平面应变试样沿着一个(高围压下)或两个(低围压下)明确的剪切面(剪切带)破坏,而松散的平面应变试样变形均匀,不管在高围压下还是低围压下都没有出现明显的剪切带。三轴压缩试样为鼓胀破坏,试样密度越低围压越小,变形越均匀。直剪试样沿着仪器确定的剪切面破坏。

2) 采用球形分区法计算试样的整体孔隙比,该方法剔除了颗粒与墙边界之间的孔隙,使得计算结果更加合理。用该方法计算试样内的孔隙比分布,绘制了代表性平面的孔隙比分布云图。比较分析了不同荷载条件下试样孔隙比分布。通过孔隙比分布云图研究了试样内剪切带的发展变化。

3) 采用球形分区法计算试样的配位数。试样密度越大、围压越高,配位数越大。配位数的变化与试样体积变化规律一致。在临界状态下,相同围压下试样的最终配位数(临界孔隙比)基本一致,与初始孔隙比无关。

4) 对试样内颗粒的旋转特性进行了分析。应变局部化区域内颗粒旋转比其他试样区域大,可以根据颗粒旋转确定应变局部化发生的区域。通过颗粒旋转可以明显看出密实和中密的平面应变试样的剪切带以及直剪试样的破坏区。松散平面应变试样和三轴压缩试样颗粒旋转比较均匀,说明它们是分散破坏。采用与研究颗粒旋转相同的方法研究颗粒位移,可以得到相同的结论。

5) 采用统计方法研究颗粒方向分布。通过球形分布图表示三维颗粒方向分布,并用椭球对球形分布图进行拟合,用椭球的半轴长度及半轴比表征颗粒方向分布各向异性大小。

6) 采用与研究颗粒方向相同的方法对接触特性(接触方向、法向接触力、切向接触力)进行研究。绘制不同荷载条件下不同密实度试样接触特性的三维球形分布图。通过对接触特性的分析,讨论了颗粒材料的宏观应力—应变特性(如试样硬化和软化)与试样细观结构(剪切带内柱状结构的形成与破坏),揭示了直剪试验中主应力方向旋转的现象。

8.1.4 立体图像分析

本书采用立体图像体视学分析法,对实验室固结切片分析法进行了数值模拟,采用该方法对局部孔隙比分布进行了研究,采用子区域分区法对颗粒方向分布进行了分析。

1) 提出了一种数值模拟实验室三维颗粒材料分析的固结切片法的几何算法,得到与实验室类似的二维切片图像。对三维离散元数值模拟型采用立体图像体视学法进行了分析。

2) 根据立体图像体视学法得到二维切面图像,对试样的局部孔隙比分布进行分析,讨论不同荷载条件下不同密实度和围压对试样局部孔隙比分布的影响。通过子区域孔隙比和平均自由程的分析,研究不同荷载条件下不同密实度不同围压下试样的行为特性。

3) 采用几何算法提出了一种将三维颗粒分布投射到指定二维平面的计算方法。这种几何计算方法比形态学方法更加精确。采用与实验室立体图像体视学分析类似的方法分析颗粒方向分布,用圆形统计分析法计算颗粒方向分布的极状图。采用傅里叶级数近似法对颗粒方向分布极状图进行拟合,研究了不同荷载条件下颗粒方向的二维分布,讨论了试样密实度、围压大小对颗粒方向分布的影响。

8.1.5 综合分析

本书综合采用宏观、细观、立体图像体视学的分析方法,对不同荷载条件下颗粒土的力学行为特性进行深入分析研究：

1）比较平面应变试样和三轴压缩试样的应变局部特征，讨论影响应变局部化发生的因素。根据试样的不同性质参数（孔隙比、颗粒旋转、颗粒位移分布图），采用图像测量法确定剪切带的开展（倾角和厚度）。测量结果与 Roscoe(1970)公式的计算结果较为接近，剪切带厚度约为平均颗粒直径的 7 倍。

2）分析不同荷载条件下试样在临界状态时的行为特性。比较临界状态下不同试样的摩擦角、膨胀角、体积应变，验证了临界配位数为常数的结论。采用立体图像体视学法对局部孔隙比分布熵值和颗粒方向分布熵值进行了分析。

3）采用统计方法对直剪试验结果进行分析，通过广义椭球拟合研究了直剪试验中的主应力方向旋转的现象，发现法向接触力的主要方向大约与水平轴成 45°角。

8.2 建议

本书通过离散元数值模拟对不同荷载条件下颗粒材料的宏、细观特性进行了深入分析研究，但仍有很多不足之处，对后续研究建议如下：

1）为使数值模型与真实试样更为接近，一些模型参数有待提高。比如，本书颗粒采用的是两个相同球组成的块颗粒，但是实际颗粒要比模型颗粒复杂得多。本书中颗粒的大小在一定的范围内均匀分布，与实际颗粒大小分布不太一致。为进一步探究材料细观特性，需要增加模型中颗粒数目。

2）孔隙水压力对试样的行为特性有很大影响。但本书没有考虑孔隙水压力的影响。PFC3D 可以模拟流体流动。可以采用 PFC3D 从细观角度研究孔隙水对试样性质的影响，并且可以研究试样内孔隙水的局部流动。

3）本书采用数值模拟方法研究不同荷载条件对试样宏、细观特性的影响，研究结果与文献中的结论进行了对比验证，但是没有进行相应的室内试验，应采用具有相同材料特性的试样进行试验分析，作为对本书的验证和重要的完善补充。

参 考 文 献

[1] Alshibli K A, Batiste S N, Sture S. Strain localization in sand: plane strain versus triaxial compression[J]. Journal of Geotechnical and Geoenvironmental Engineering, 2003, 129(6): 483-494.

[2] Alshibli K A, Sture S. Sand shear band thickness measurements by digital imaging techniques[J]. Journal of computing in civil engineering, 1999, 13(2): 103-109.

[3] Alves M, Oshiro R E. Scaling the impact of a mass on a structure[J]. International Journal of Impact Engineering, 2006, 32(7): 1158-1173.

[4] Antony S J. Evolution of force distribution in three-dimensional granular media[J]. Physical Review E, 2001, 63(1): 113-130.

[5] Arthur J R F, Dunstan T, Al-Ani Q, et al. Plastic deformation and failure in granular media[J]. Géotechnique, 1977, 27(1): 53-74.

[6] Bagi K. Statistical analysis of contact force components in random granular assemblies[J]. Granular Matter, 2003, 5(1): 45-54.

[7] Bardet J P, Proubet J. A numerical investigation of the structure of persistent shear bands[J]. Géotechnique, 1991, 41(4): 599-613.

[8] Bardet J P. Observations on the effects of particle rotations on the failure of idealized granular materials[J]. Mechanics of Materials, 1994, 18(94): 159-182.

[9] Barre S, Blue R, Geveci B, et al. The VTK user's guide: updated for VTK version 4.4[M]. New York: Kitware, 2004.

[10] Barton R R, Procter D C. Measurements of The Andle of Interparticle Friction[J]. Géotechnique, 1974, 24: 581-604.

[11] Bathurst R J, Rothenburg L. Observations on stress-force-fabric relationships in idealized granular materials[J]. Mechanics of Materials, 1990, 9(1): 65-80.

[12] Batiste S N, Alshibli K A. Shear Band Characterization of Triaxial Sand Specimens Using Computed Tomography[J]. Astm Geotechnical Testing Journal, 2004, 27 (6): 568-579.

[13] Bishop A W. The Strength of Soils as Engineering Materials[J]. Géotechnique, 1966, 16(2): 91-130.

[14] Bolton M D. Strength and dilatancy of sands[J]. Géotechnique, 1986, 36(1): 65-78.

[15] Broms B B, Ratnam M V. Shear Strength of an Anisotropically Consolidated Clay

[J]. Journal of the Soil Mechanics & Foundations Division，1963，89(6):1-26.

[16] Campbell C S, Brennen C E. Computer simulation of granular shear flows[J]. Studies in Applied Mechanics，1983，7:313-326.

[17] Chang C S, Liao C L. Constitutive relation for a particulate medium with the effect of particle rotation[J]. International Journal of Solids & Structures，1990, 26(4): 437-453.

[18] Chen C. Shear induced evolution of structure in water-deposited sand specimens[D]. Atlanta: Georgia Institute of Technology，2000.

[19] Cornforth D H. Some Experiments on the Influence of Strain conditions on the Strength of Sand[J]. Géotechnique，1964, 14(14):143-167.

[20] Coulomb C A. On an application of the rules of maximum and minimum to some statistical problems, relevant to architecture[J]. Mémoires de Mathématique & de Physique, présentés a l'Académie Royale des Sciences par divers Savans, &lus dans ses Assemblées，1773, 7: 343-382.

[21] Cui L, O'Sullivan C. Exploring the macro-and micro-scale response of an idealised granular material in the direct shear apparatus[J]. Géotechnique，2006, 56(7): 455-468.

[22] Cundall P A, Strack O D L. A discrete numerical model for granular assemblies[J]. Géotechnique，1979, 29(1): 47-65.

[23] Cundall P A. Numerical experiments on localization in frictional materials[J]. Ingenieur-Archiv，1989, 59(2):148-159.

[24] Desrues J, Chambon R, Mokni M, et al. Void ratio evolution inside shear bands in triaxial sand specimens studied by computed tomography[J]. Géotechnique，1996, 46(3): 529-546.

[25] Evans T M, Chall S, Zhao X, et al. Visualization and Analysis of Microstructure in Three-Dimensional Discrete Numerical Models[J]. Journal of Computing in Civil Engineering，2009, 23(5):277-287.

[26] Evans T M, Frost J D. Shear banding and microstructure evolution in 2D numerical experiments[J]. Geotechnical Special Publication，2007(173):1-10.

[27] Evans T M. Microscale Physical and Numerical Investigations of Shear Banding in Granular Soils[D]. Atlanta: Georgia Institute of Technology，2005.

[28] Evans T M, Zhao X. A discrete numerical study of the effect of loading conditions on granular material [C]. Proceedings of the 4th International Symposium on Deformation Characteristics of Geomaterials(IS-Atlanta 2008)，2008:907-914.

[29] Evans T M, Zhao X. The Effects of Loading Conditions on the Micromechanics of Granular Materials[C]. Géotechnique，Themed Issue: Soil Mechanics at the Grain Scale, in review，2009.

[30] Exadaktylos G, Tsouvala S, Liolios P, et al. A three-dimensional model of an

underground excavation and comparison with in situ measurements[J]. International journal for numerical and analytical methods in geomechanics, 2007, 31 (3): 411-433.

[31] Finkelstein J M, Schafer R E. Improved Goodness-Of-Fit Tests[J]. Biometrika, 1971, 58(3):641-645.

[32] Finn W D L, Wade N H, Lee K L. Volume Changes in Triaxial and Plane Strain Tests[J]. Journal of the Soil Mechanics & Foundations Division, 1900, 93: 297-308.

[33] Finno R J, Harris W W, Mooney M A, et al. Strain Localization and Undrained Steady State of Sand[J]. Journal of Geotechnical Engineering, 1996, 122(6): 462-473.

[34] Foley J D. Computer graphics : principles and practice[M]. New Jersey: Addison-Wesley, 1990.

[35] Frost J D, Chaney, Demars K, et al. Automated Determination of the Distribution of Local Void Ratio from Digital Images[J]. Geotechnical Testing Journal, 1996, 19 (2):107-117.

[36] Frost J D, Hebelerz G L, Evans T M, et al. Interface Behavior or Granular Soils [C]. Biennial Conference on Engineering, Construction, and Operations in Challenging Environments, 2004:65-72.

[37] Frost J D, Jang D J. Evolution of Sand Microstructure during Shear[J]. Journal of Geotechnical & Geoenvironmental Engineering, 2000, 126(2):116-130.

[38] Frost J D, Yang C T. Effect of end Platens on Microstructure Evolution in Dilatant Specimen[J]. Journal of the Japanese Geotechnical Society Soils & Foundation, 2003, 43(4):1-11.

[39] Frost J D. Studies on the Monotonic and Cyclic Behavior of Sands[D]. West Lafayette: Purdue University, 1989.

[40] Gudehus G, Nübel K. Evolution of shear bands in sand[J]. Géotechnique, 2004, 54 (3):187-202.

[41] Han C, Drescher A. Shear Bands in Biaxial Tests on Dry Coarse Sand[J]. Soils & Foundations, 1993, 33(1):118-132.

[42] Hanna A. Determination of plane-strain shear strength of sand from the results of triaxial tests[J]. Canadian Geotechnical Journal, 2001, 38(38):1231-1240.

[43] Harkness R M, Powrie W, Zhang X, et al. Numerical modelling of plane strain tests on sands using a particulate approach[J]. Géotechnique, 2005, 55(4):297-306.

[44] Harr M E. Reliability-based design in civil engineering[M]. New York: McGraw-Hill, 1987.

[45] Hart R, Cundall P A, Lemos J. Formulation of a three-dimensional distinct element model—Part II. Mechanical calculations for motion and interaction of a system

composed of many polyhedral blocks[J]. International Journal of Rock Mechanics & Mining Science & Geomechanics Abstracts, 1988, 25(3):117-125.

[46] Hebeler G L. Multi-Scale Behavior at Geomaterial Interfaces[D]. Atlanta: Georgia Institute of Technology, 2005.

[47] Henkel D J, Wade N H. Plane Strain Tests on a Saturated Remolded Clay[J]. Journal of Soil Mechanics & Foundations Div, 1966, 92:67-80.

[48] Hill R. The Mathematical Theory of Plasticity[M]. Oxford: Oxford University Press, 1950.

[49] Hill R. Acceleration waves in solid[J]. Mech And Physics of Solids, 1962, 10(1): 1-6.

[50] Hockney R W, Eastwood J W. Computer Simulation Using Particles[M]. London: Taylor & Francis, 1981.

[51] Itasca. FLAC: Fast Lagrangian Analysis of Continua User's Guide, version 5.00, Minneapolis[CP], 2005.

[52] Itasca. PFC-2D: Particle Flow Code in Two Dimensions, version 3.0, Minneapolis [CP], 2004.

[53] Itasca. PFC-3D: Particle Flow Code in Two Dimensions, version 3.10, Minneapolis [CP], 2005.

[54] Iwashita K, Oda M. Micro-deformation mechanism of shear banding process based on modified distinct element method[J]. Powder Technology, 2000, 109(1/2/3): 192-205.

[55] Jacobson D E, Valdes J R, Evans T M. A Numerical View into Direct Shear Specimen Size Effects[J]. Geotechnical Testing Journal, 2007, 30(6):512-516.

[56] Jammalamadaka S R, SenGupta A. Topics in circular statistics[J]. Journal of Leukocyte Biology, 2001, 76(1):77-85.

[57] Jang D J, Frost J D. Use of image analysis to study the microstructure of a failed sand specimen[J]. Canadian Geotechnical Journal, 2000, 37(5):1141-1149.

[58] Jang D J. Quantification of sand structure and its evolution during shearing using image analysis[D]. Atlanta: Georgia Institute of Technology, 1997.

[59] Jensen R P, Bosscher P J, Plesha M E, et al. DEM simulation of granular media—structure interface: effects of surface roughness and particle shape[J]. International Journal for Numerical and Analytical Methods in Geomechanics, 1999, 23(6): 531-547.

[60] Jiang M J, Leroueil S, Konrad J M. Insight into shear strength functions of unsaturated granulates by DEM analyses[J]. Computers & Geotechnics, 2004, 31 (6):473-489.

[61] Jiang M J, Yu H S, Harris D. A novel discrete model for granular material incorporating rolling resistance[J]. Computers & Geotechnics, 2005, 32(5):

340-357.

[62] Kim H. Spatial Variability in Soils: Stiffness and Strength[D]. Atlanta: Georgia Institute of Technology, 2005.

[63] Kirkpatrick W M. The condition of failure for sands[C]. Proceedings, Fourth International Conf. on Soil Mech., Vol. I,London, England, 1957: 172-178.

[64] Kjellman W. Report on an apparatus for consummate investigation of the mechanical properties of soils[C]. Proceedings, First International Conf. on Soil Mech., Vol. I,Cambridge, Mass., 1936: 16-22.

[65] Kruyt N P, Rothenburg L. Shear strength, dilatancy, energy and dissipation in quasi-static deformation of granular materials[J]. Journal of Statistical Mechanics Theory & Experiment, 2006, 2006(2006):327-332.

[66] Kuhn M R. Structured deformation in granular materials [J]. Mechanics of Materials, 1999, 31(6):407-429.

[67] Kuo C Y, Frost J D, Chameau J L A. Image analysis determination of stereology based fabric tensors[J]. Géotechnique, 1998, 48(4):515-525.

[68] Kuo C Y, Frost J D. Uniformity Evaluation of Cohesionless Specimens Using Digital Image Analysis[J]. Journal of Geotechnical Engineering, 1996, 122(5):390-396.

[69] Kuo C Y. Quantifying the fabric of granular materials in an image analysis approach [D]. Atlanta: Georgia Institute of Technology, 1994.

[70] Lade P V, Duncan J M. Cubical triaxial tests on cohesionless soil[J]. Journal of Geotechnical & Geoenvironmental Engineering, 1973, 101(10):793-812.

[71] Laidlaw D H, Trumbore W B, Hughes J F. Constructive solid geometry for polyhedral objects[J]. Acm Siggraph Computer Graphics, 1986, 20(4):161-170.

[72] Lee K L. Comparison of plane strain and triaxial tests on sand[J]. Journal of the Soil Mechanics and Foundations Division, 1970, 96(3): 901-923.

[73] Leopardi P. A partition of the unit sphere into regions of equal area and small diameter[J]. Electronic Transactions on Numerical Analysis Etna, 2006, 25(1): 309-327.

[74] Liu L F, Zhang Z P, Yu A B. Dynamic Simulation of the Centripetal Packing of Particles[J]. Physica A Statistical Mechanics & Its Applications, 1999, 268(3/4): 433-453.

[75] Liu S H. Simulating a direct shear box test by DEM[J]. Canadian Geotechnical Journal, 2011, 43(2):155-168.

[76] 刘金龙, 栾茂田, 袁凡凡,等. 中主应力对砂土抗剪强度影响的分析[J]. 岩土力学, 2005, 26(12): 1931-1935.

[77] 刘斯宏, 姚和平, 孙其诚,等. 基于细观结构的颗粒介质应力应变关系研究[J]. 科学通报,2009, 54(11): 1496-1503.

[78] Lobo-Guerrero S, Vallejo L E, Vesga L F. Visualization of Crushing Evolution in

Granular Materials under Compression Using DEM[J]. International Journal of Geomechanics, 2006, 6(3):195-200.

[79] Lorig L J. A Hybrid Computational Model for Excavation and Support Design in Jointed Media[D]. Minnesota: University of Minnesota, 1984.

[80] Masson S, Martinez J. Micromechanical Analysis of the Shear Behavior of a Granular Material[J]. Journal of Engineering Mechanics, 2001, 127(10):1007-1016.

[81] Mehrabadi M M, Nemat-Nasser S, Oda M. On statistical description of stress and fabric in granular materials[J]. International Journal for Numerical and Analytical Methods in Geomechanics, 1982, 6(1): 95-108.

[82] Mooney M A, Finno R J, Viggiani M G. A Unique Critical State for Sand? [J]. Journal of Geotechnical & Geoenvironmental Engineering, 1998, 124 (11): 1100-1108.

[83] Narsilio G A, Santamarina J C. Terminal density[J]. Geotechnique, 2008, 58(8): 669-674.

[84] Ng T T, Wang C. Comparison of a 3-D DEM simulation with MRI data[J]. International Journal for Numerical & Analytical Methods in Geomechanics, 2001, 25(5):497-507.

[85] Ng T T. Fabric Evolution of Ellipsoidal Arrays with Different Particle Shapes[J]. Journal of Engineering Mechanics, 2001, 127(10):994-999.

[86] Ng T T. Input Parameters of Discrete Element Methods[J]. Journal of Engineering Mechanics, 2006, 132(7):723-729.

[87] Ng T T. Triaxial Test Simulations with Discrete Element Method and Hydrostatic Boundaries[J]. Journal of Engineering Mechanics, 2004, 130(10): 1188-1194.

[88] Ng T T, R Dobry. A non-linear numerical model for soil mechanics [J]. International Journal for Numerical & Analytical Methods in Geomechanics, 1992, 16(16):247-263.

[89] Ni Q, Powrie W, Zhang X, et al. Effect of Particle Properties on Soil Behavior: 3-D Numerical Modeling of Shearbox Tests[C]. Numerical Methods in Geotechnical Engineering. ASCE, 2015:58-70.

[90] O'Sullivan C, Bray J D, Riemer M. Examination of the Response of Regularly Packed Specimens of Spherical Particles Using Physical Tests and Discrete Element Simulations[J]. Journal of Geotechnical & Geoenvironmental Engineering, 2004, 130(10): 1140-1150.

[91] O'Sullivan C, Bray J D, Li S. A new approach for calculating strain for particulate media [J]. International Journal for Numerical and Analytical Methods in Geomechanics, 2003, 27(10):859-877.

[92] Oda M, Iwashita K. Study on couple stress and shear band development in granular media based on numerical simulation analyses [J]. International Journal of

Engineering Science，2000，38(15):1713-1740.

[93] Oda M，Kazama H. Microstructure of shear bands and its relation to the mechanisms of dilatancy and failure of dense granular soils[J]. Géotechnique，1998，48(4): 465-481.

[94] Oda M，Konishi J，Nemat-Nasser S. Some experimentally based fundamental results on the mechanical behavior of granular materials[J]. Géotechnique，1980，30(4): 479-495.

[95] Oda M，Konishi J. Microscopic deformation mechanism of granular material in simple shear[J]. Soils & Foundations，1974，14(4):25-38.

[96] Oda M，Nemat-Nasser S，Mehrabadi M M. A statistical study of fabric in a random assembly of spherical granules[J]. International Journal for Numerical & Analytical Methods in Geomechanics，1982，6(1):77-94.

[97] Oda M. Deformation mechanism of sand in triaxial compression tests[J]. Soils and Foundations，1972,12(4):45-63.

[98] Olovsson L，Simonsson K，Unosson M. Selective mass scaling for explicit finite element analyses[J]. International Journal for Numerical Methods in Engineering，2005，63(10):1436-1445.

[99] Olovsson L，Unosson M，Simonsson K. Selective mass scaling for thin walled structures modeled with tri-linear solid elements[J]. Computational Mechanics，2004，34(34):134-136.

[100] O'Sullivan C，Bray J D，Riemer M F. 3-D DEM Validation Using Steel Balls with Regular Packing Arrangements[C]. International Conference on Discrete Element Methods，2002:217-221.

[101] O'Sullivan C，Bray J D，Riemer M F. Influence of Particle Shape and Surface Friction Variability on Response of Rod-Shaped Particulate Media[J]. Journal of Engineering Mechanics，2002，128(11):1182-1192.

[102] O'Sullivan C，O'Neill S，Cui L. An analysis of the triaxial apparatus using a mixed boundary three-dimensional discrete element model[J]. Géotechnique，2007，57(10):831-844.

[103] O'Sullivan C. Selecting a suitable time step for discrete element simulations that use the central difference time integration scheme[J]. Engineering Computations，2004，21(2/3/4):278-303.

[104] Ouadfel H，Rothenburg L. Stress-force-fabric relationship for assemblies of ellipsoids[J]. Mechanics of Materials，2001，33(4):201-221.

[105] Park J Y. A critical assessment of moist tamping and its effect on the initial and evolving structure of dilatant triaxial specimens[J]. Seminars in Thrombosis & Hemostasis，1990，16(1):1-20.

[106] Pearson E S，Hartley H O. Biometrika tables for statisticians[M]. Cambridge:

Published for the Biometrika Trustees at the University Press，1954.

[107] Peric D，Runesson K，Sture S. Evaluation of Plastic Bifurcation for Plane Strain versus Axisymmetry[J]. American Society of Civil Engineers，1992，118 (3)：512-524.

[108] Pincus H J，Harris W W，Viggiani G，et al. Use of Stereophotogrammetry to Analyze the Development of Shear Bands in Sand[J]. Geotechnical Testing Journal，1995，18(4)：405-420.

[109] Potyondy D O，Cundall P A. A bonded-particle model for rock[J]. International Journal of Rock Mechanics & Mining Sciences，2004，41(8)：1329-1364.

[110] 钱建固，吕玺琳，黄茂松. 平面应变条件下土体的软化特性与本构模拟[J]. 岩土力学，2009，30(3)：617-622.

[111] 钱建固，黄茂松. 土体应变局部化现象的理论解析[J]. 岩土力学，2005，26(3)：432-436.

[112] Ramamurthy T，Tokhi V K. Plane strain strength from triaxial test [C]. Proceedings of the International Conference on Soil Mechanics and Foundation Engineering，1989，1：749-752.

[113] Ramamurthy T，Tokhi V K. Relation of triaxial and plane strain strengths[C]. Proc.，Int. Conf. on Soil Mechanics and Foundation Engineering. Rotterdam，The Netherlands：Balkema，1981：755-758.

[114] Reades D W. Stress-strain characteristics of a sand under three-dimensional loading [D]. London：University of London，1972.

[115] Rice B J R. The Localization of Plastic Deformation[C]. Theoretical and Applied Mechanics，1976：207-220.

[116] Roscoe K H. The Influence of Strains in Soil Mechanics[J]. Géotechnique，1970，20(2)：129-170.

[117] Rothenburg L，Bathurst R J. Analytical study of induced anisotropy in idealized granular materials[J]. Géotechnique，1989，39(39)：601-614.

[118] Rothenburg L，Bathurst R J. Influence of particle eccentricity on micromechanical behavior of granular materials [J]. Mechanics of Materials，1993，16 (1/2)：141-152.

[119] Rothenburg L，Bathurst R J. Micromechanical features of granular assemblies with planar elliptical particles[J]. Géotechnique，1992，42(1)：79-95.

[120] Rothenburg L，Kruyt N P. Critical state and evolution of coordination number in simulated granular materials [J]. International Journal of Solids & Structures，2004，41(21)：5763-5774.

[121] Rothenburg L. Micromechanics of idealized granular systems [D]. Ottawa：Carleton University，1980.

[122] Rowe P W，Barden L，Lee I K. Energy Components During the Triaxial Cell and

Direct Shear Tests[J]. Géotechnique, 1964, 14(3):247-261.

[123] Rowe P W. The Relation Between the Shear Strength of Sands in Triaxial Compression, Plane Strain and Direct[J]. Géotechnique, 1969, 19(19):75-86.

[124] Rowe P W. The Stress-Dilatancy Relation for Static Equilibrium of an Assembly of Particles in Contact[J]. Proceedings of the Royal Society A, 1962, 269(1339):500-527.

[125] Rudnicki J W, Rice J R. Conditions for the localization of deformation in pressure-sensitive dilatant materials[J]. Journal of the Mechanics & Physics of Solids, 1975, 23(6):371-394.

[126] Santamarina J C, Cho G. The omnipresence of localization in geomaterials[C]. Proceedings of the 3rd International Symposium on the Deformation Characteristics of Geomaterials, Lyon, 2003:465-473.

[127] Santamarina J C, Klein A, Fam M A. Soils and waves: Particulate materials behavior, characterization and process monitoring [J]. Journal of Soils & Sediments, 2001, 1(1):130.

[128] Schofield A N, Wroth P. Critical state soil mechanics[M]. New York: McGraw-Hill, 1968.

[129] Schroeder, Martin, Lorensen, et al. The Visualization Toolkit, An Object-Oriented Approach To 3D Graphics[M]. New York: kitware Inc. , 2006.

[130] 沈珠江. 土体结构性的数学模型——21 世纪土力学的核心问题[J]. 岩土工程学报, 1996, 18(1): 95-97.

[131] Shibata T, Karube D. Influence of the variation of the intermediate principal stress on the mechnical properties of normally consolidated clays[C]. Proceedings, Sixth international Conf. on Soil Mech. , Vol. I, Montreal, Canada, 1965:359-363.

[132] 史宏彦, 谢定义, 汪闻韶. 平面应变条件下无粘性土的破坏准则[J]. 土木工程学报, 2001, 34(1): 79-83.

[133] Sitharam T, Dinesh S V, Shimizu N. Micromechanical modelling of monotonic drained and undrained shear behaviour of granular media using three-dimensional DEM [J]. International journal for numerical and analytical methods in geomechanics, 2002, 26(12): 1167-1189.

[134] Sprent P. Statistical analysis of circular data [M]. Cambridge: Cambridge University Press, 1993.

[135] Suiker A S J, Fleck N A. Frictional Collapse of Granular Assemblies[J]. Journal of Applied Mechanics, 2004, 71(3):350-358.

[136] 孙其诚, 辛海丽, 刘建国, 等. 颗粒体系中的骨架及力链网络[J]. 岩土力学, 2009, 30: 83-87.

[137] Tatsuoka F. Discussion of The strength and dilatancy of sands by M. D. Bolton[J]. Géotechnique, 1987, 37(2): 219-226.

[138] Thornton C. Numerical simulations of deviatoric shear deformation of granular media[J]. Géotechnique，2000，50(1)：465-481.

[139] Tu X，Andrade J E. Criteria for static equilibrium in particulate mechanics computations[J]. International Journal for Numerical Methods in Engineering，2008，75(13)：1581-1606.

[140] 唐世栋，罗志琪. 不同试验方法的剪切强度指标与地基承载力计算[J]. 工程勘察，2005，4：5-8.

[141] Underwood E E. In Quantitative Stereology [M]. New Jersey：Addison-Wesley，1970.

[142] Vaid Y P，Campanella R G. Triaxial and Plane Strain Behavior of Natural Clay[J]. Journal of Geotechnical & Geoenvironmental Engineering，1974，100：207-224.

[143] Vardoulakis I. Shear-banding and liquefaction in granular materials on the basis of a Cosserat continuum theory[J]. Ingenieur-Archiv，1989，59(2)：106-113.

[144] Vardoulakis I，Han C H. Plane-strain compression experiments on water-saturated fine-grained sand[J]. Géotechnique，1991，41(1)：49-78.

[145] Vardoulakis I，Goldscheider M，Gudehus G. Formation of shear bands in sand bodies as a bifurcation problem [J]. International Journal for Numerical & Analytical Methods in Geomechanics，2005，2(2)：99-128.

[146] Vardoulakis I，Graf B，Hettler A. Shear-band formation in a fine-grained sand[C]. International Conference on Numerical Methods in Geomechanics，1985：517-521.

[147] Vardoulakis I. Shear band inclination and shear modulus of sand in biaxial tests[J]. International Journal for Numerical & Analytical Methods in Geomechanics，1980，4(2)：103-119.

[148] Viggiani G，Finno R J，Mooney M A，et al. Shear Bands in Plane Strain Compression of Loose Sand[J]. Géotechnique，1997，47(1)：149-165.

[149] Voyiadjis G Z，Alsaleh M I，Alshibli K A. Evolving internal length scales in plastic strain localization for granular materials[J]. International Journal of Plasticity，2005，21(10)：2000-2024.

[150] Wang G X，Huang H W，Xiao S F. Experimental study on micro-structural characteristics of soft soil[J]. Journal of Hydraulic Engineering，2005，36(2)：190-196.

[151] Wang L B，Frost J D，Lai J S. Three-Dimensional Digital Representation of Granular Material Microstructure from X-Ray Tomography Imaging[J]. Journal of Computing in Civil Engineering，2004，18(1)：28-35.

[152] Whitman R V，Luscher U. Basic experiment into soil structure interaction[J]. Journal of the Soil Mechanics & Foundations Division，1962，88：135-167.

[153] Wong R C K. Strength of two structured soils in triaxial compression [J]. International Journal for Numerical and Analytical Methods in Geomechanics，

2001，25(2)：131-153.

[154] Xu B H，Yu A B. Numerical simulation of the gas-solid flow in a fluidized bed by combining discrete particle method with computational fluid dynamics[J]. Chemical Engineering Science，1997，52(16)：2785-2809.

[155] Yang C T. Boundary Condition and Inherent Stratigraphic Effects on Microstructure Evolution in Sand Specimens[D]. Atlanta：Georgia Institute of Technology，2002.

[156] Yang R Y，Zou R P，Yu A B. Effect of material properties on the packing of fine particles[J]. Journal of Applied Physics，2003，94(5)：3025-3034.

[157] Yu A B. Discrete element method：An effective way for particle scale research of particulate matter[J]. Engineering Computations，2004，21(2/3/4)：205-214.

[158] Zeghal M，Shamy U E. A continuum-discrete hydromechanical analysis of granular deposit liquefaction[J]. International Journal for Numerical & Analytical Methods in Geomechanics，2004，28(14)：1361-1383.

[159] 张洪武，秦建敏. 基于非线性接触本构的颗粒材料离散元数值模拟[J]. 岩土工程学报，2006，28(11)：1964-1969.

[160] Zhang L，Thornton C. A numerical examination of the direct shear test[J]. Géotechnique，2007，57(4)：343-354.

[161] Zhao X L，Evans T M. Discrete Simulations of Laboratory Loading Conditions[J]. International Journal of Geomechanics，2015，9(4)：169-178.

[162] Zhou C Y，Chun-Mei M U. Relationship between micro-structural characters of fracture surface and strength of soft clay[J]. Chinese Jounal of Geotechnical Engineering，2005，27(10)：1136-1141.

[163] 周健，杨永香，刘洋，等. 循环荷载下砂土液化特性颗粒流数值模拟[J]. 岩土力学，2009，30(4)：1083-1088.

[164] 周健，姚志雄，张刚. 管涌发生发展过程的细观试验研究[J]. 地下空间与工程学报，2007，3(5)：842-848.

[165] Zhou Y C，Wright B D，Yang R Y，et al. Rolling friction in the dynamic simulation of sandpile formation[J]. Physica A：Statistical Mechanics and its Applications，1999，269(2)：536-553.

[166] Zhu H，Mehrabadi M M，Massoudi M. Three-dimensional constitutive relations for granular materials based on the dilatant double shearing mechanism and the concept of fabric[J]. International Journal of Plasticity，2006，22(5)：826-857.